水 生 蔬 菜 栽 培

童合一　邢湘臣　编著

金盾出版社

内 容 提 要

本书由上海水产大学童合一、邢湘臣编著。该书作为本社已出版的《水生蔬菜病虫害防治》的姐妹篇，汇集了我国各地栽培水生蔬菜的先进经验，着重具体地介绍了莲藕、菱、茭白、荸荠、芡实、慈姑、莼菜、水芋、水芹、水蕹菜、豆瓣菜等11种水生蔬菜的主要优良品种、栽培技术、收获和良种选留。内容科学实用，文字简练，通俗易懂，便于操作。适合广大菜农和基层农业科技人员阅读参考。

图书在版编目(CIP)数据

水生蔬菜栽培/童合一，邢湘臣编著 . —北京：金盾出版社，1999.6

ISBN 978-7-5082-0944-3

Ⅰ. 水… Ⅱ. ①童…②邢… Ⅲ. 水生蔬菜-蔬菜园艺 Ⅳ. S645

中国版本图书馆 CIP 数据核字(1999)第 19000 号

金盾出版社出版、总发行
北京太平路 5 号(地铁万寿路站往南)
邮政编码：100036　电话：68214039　83219215
传真：68276683　网址：www.jdcbs.cn
封面印刷：北京精彩雅恒印刷有限公司
正文印刷：北京金盾印刷厂
装订：永胜装订厂
各地新华书店经销
开本：787×1092 1/32　印张：4　字数：87 千字
2012 年 7 月第 1 版第 7 次印刷
印数：45 001～49 000 册　定价：6.50 元
(凡购买金盾出版社的图书，如有缺页、
倒页、脱页者，本社发行部负责调换)

目　　录

一、莲　藕

莲藕属睡莲科，是多年生宿根水生草本植物，是一种用途甚广的水生经济植物。它不仅可供食用、药用，而且还是我国十大名花之一。

莲藕的名称很多，如荷、芙渠、泽芝、水旦、莲、扶渠、水芝、玉环、芙蓉等等。全株叫"蕸"，茎叫"茄"，地下茎叫藕，莲子叫湖目、藕宝、水芝丹等；莲蓬叫莲房、碧房、秋房等；莲须叫虫蜡须、金缕等；藕叫蒙牙、冰船、玉节等；花蕾叫菡萏，莲心叫薏等。

按其用途而论，莲藕可分为花莲、子莲和藕莲三大类。花莲观赏其花，不作食用；子莲以食其种子为主；藕莲以食其地下茎为主。

（一）形态特征

莲藕植株横生于土中，由地下茎在土中匍匐生长，俗称藕鞭或走茎。茎上有许多节，节间长 30～100 厘米，节上着生叶芽和侧芽，并环生须状根。种藕可分成莲鞭十几条和几十条，莲鞭生长后期先端数节膨大即成新藕。主枝新藕，俗称亲藕，一般多为 3～4 节，全长 60～100 厘米。亲藕节上着生的藕，称为子藕，较大的子藕还会生孙藕（图 1）。

藕叶俗称荷叶，呈圆盘状，叶面蓝绿色，有白色粉末，上生无数细毛；叶背面为淡绿色，光滑无毛。不同时期抽生的叶子，分水中叶、浮叶和立叶。开始抽生的叶片矮小，往后逐渐高大，再往后又渐变矮小，呈"梯升梯降"的抛物线状。最大的立叶直

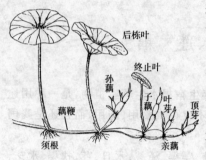

图1 藕的外部形态

径可达 50～70 厘米,叶柄高达 2 米以上。

花单生,白色或淡红色,两性,萼片 4 枚,花瓣多数,长椭圆形,雄蕊群生于花托下,雌蕊柱头顶生,花柱极短,子房上位,心皮多数,散生于肉质花托内,称为莲蓬。每一心皮形成一个椭圆形坚果,称为莲子(图2)。

(二)生长发育过程

莲藕性喜温暖,生长适宜温度为 23～30℃。开花期温度宜稍高,不耐干旱和霜冻,但根茎的耐寒力极强。以富含有机质的壤土最适于栽培。

莲藕的生长发育过程,一般可分为萌芽生长期、旺盛生长期和结藕期三个阶段。

1. 萌芽生长期

莲藕繁殖可用种子繁殖,也可用地下茎的顶芽、

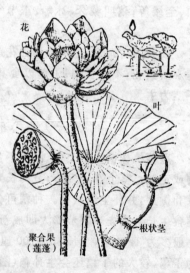

图2 莲

藕节或亲藕进行无性繁殖。萌芽生长期即从萌芽开始至第一片立叶长出水面为止。

(1)种子萌发过程　　莲子的硬壳(果皮)上气孔很小,空气和水分难以穿渗,所以一般情况下莲子不能发芽,可以长期保存,故有"千年不烂莲子"之说。为了使莲子发芽,必须先将果壳凹入的一端(俗称大头,又称萌点)切去,然后在 26～30℃温水中浸泡,使其吸收水分,胚芽才能萌动。出芽后渐次生长幼叶 3～4 片,最后发生莲鞭。

(2)亲藕萌发过程　　当春季气温上升到 15℃左右时,亲藕的顶端开始萌发。俗语说:"三月三,藕出苫(即顶芽)"。随着气温的升高,顶芽生长,抽生莲鞭,并长出 2～3 片浮叶。在亲藕的各节上的叶芽,也能萌发成叶片,但这种叶片小而不能长出水面,称为"水中叶",俗称钱叶(因叶面只有铜钱那样大,故名)。这时气温低,生长缓慢,所需养分全靠亲藕供给,所以在选种时,亲藕必须肥壮而大,同时基肥要施足,水位不宜深,以便提高地温,有利于植株早生莲鞭,早出立叶。当气温上升到 20℃左右时,莲鞭开始伸展,生根并长出立叶,植株开始能自身制造养分。

2. 旺盛生长期

从小满前后植株抽生立叶开始,到大暑、立秋前后出现后把叶(又叫后栋叶、坝荷)及荷花盛开为止,约两个多月时间,称为旺盛生长期。随着温度的升高,莲鞭迅速伸长,并发生分枝,各节上长出须根,并不断抽出立叶,一般平均每 5～7 天抽出一片荷叶。平均气温达到 24℃左右时,最适宜生长,并开始现蕾开花,此时为莲藕生长最旺盛的时期。

荷叶的生长有一定规律,开始立叶由低向高呈上升阶梯,高到一定程度,则反之由高向低下降,呈一条"抛物线"。亲藕后把的节上,即终止叶的前一节,长出的叶片特别大,这片荷叶俗称后把叶,后把叶的出现,即表示结新藕的开始。

3. 结藕期

这时期自立秋后植株盛花开始长出新藕,到寒露、霜降植株完全停止生长,荷叶大多枯黄,植株也相继枯萎,新藕充实肥大为止,约两个多月时间,在这时期,植株制造的养分大都向藕内集中。一般从开始长新藕到藕身粗壮可挖时,约需 20 余天。但到充分成熟,还需经历一段时间。

(三)品 种

我国莲藕主要作为食用的,一般系指子莲和藕莲。

1. 子 莲

子莲的品种很多,其中最著名的当推湖南的湘莲,福建的建莲,以及江西广昌的通心白莲等。

(1)湘莲 它是湖南的主要土特产之一,主要分布在湘江中下游及洞庭湖区。

湘莲是湖南子莲品种的总称,具体还可分为寸三莲、大叶莲、乌莲、九溪红、水鱼蛋、冬瓜莲、阴花白和红莲等 8 个品种。

①寸三莲 是湖南省湘潭市的地方品种。早熟,高产,较耐旱,生长势强。从 4 月上旬清明、谷雨定植至大暑、寒露采收约 100 天左右,采收期为 40～50 天,全生长期为 180 天。莲子品质优良,淀粉细,香气浓,为我国主要出口产品之一。颗粒大,3 粒长 3.3 厘米,故有"寸三莲"之称。开花多,花红色。莲蓬大,每蓬有莲子 25～30 粒,百粒重 128 克,每千克约 700 粒以下。产量高,每千平方米产壳莲可达 150 千克左右。除采收莲子外,每千平方米还可产藕 110～200 千克。

②大叶莲 为中熟浅水莲品种,花白而大。怕渍、怕旱,不耐深水,需肥量大,适宜栽培于肥沃的淤砂壤土。叶大色淡。全生长期为 180 天。每蓬有莲子 18～22 粒,最多达 30 粒以上。

莲子近圆形。百粒重 120 克,产量与寸三莲相似。

③九溪红 俗称大莲蓬,为中熟深水莲品种,花全红色,生长势强,产量稳定。全生长期为 210 天,采收期 40~50 天。每蓬有莲子 20~30 粒。莲子长卵圆形,百粒重 117 克,每千平方米可产壳莲 60~85 千克。

(2)建莲 福建所产的莲子,统称建莲,其中以福建省建宁县的西门莲为最佳。粒大、洁白,经煮耐烂,久煮不散,汤色清,香气浓,细腻可口,是福建省传统的出口土特产。

(3)通心白莲 此莲子主要产于江西省广昌县,而石城、宁都、南丰等地也有栽培。一般在 3 月底至 4 月上旬定植,每千平方米可产壳莲 135~150 千克以上。

(4)广州子莲 广州子莲有红莲和白莲两种。

①红莲 叶片直立,高 80~100 厘米,叶面直径 45 厘米,叶肉较薄,叶柄有密刺。藕细小,节间瘦长。花多而大,鲜红色,花托较细。莲子长圆形,较细,早熟。定植到初收莲子约 130~140 天,可连续采收 100 天。莲子品质优,味香,供鲜食和加工糖莲子。

②白莲 叶直立,高 100~120 厘米,叶面直径 50 厘米,叶肉较厚,叶柄有刺。藕细小,节间短而肥。白色大花,花托较大。莲子短圆形,较大。早熟品种。从定植到初收莲子约 120 天,可连续采收 90 天。莲子品种优良,鲜甜脆嫩。

(5)赣莲 85-4 这是江西省广昌县白莲研究所于 1985 年从浙江省丽水县引进莲藕品种,进行单藕分栽系统选育而成的新品种。该品种具有产量高、品质好、抗逆性强,生长期长等特点。1988~1991 年在广昌县全面推广,种植面积近 2 000 公顷,每千平方米可产壳莲 90~120 千克,比常规品种增产 30%~50%。1990 年在全国第一次子莲研讨会上被评为优良新品种。

该品种叶色淡绿，花梗略低于叶柄，系叶下花。花色玫瑰红，单瓣，花期长达 92～95 天。每千平方米产莲蓬 7 250～9 000个，每蓬有莲子 25～30 粒，结实率达 70%～80%。全生长期为 186～190 天，系晚熟品种，适应性、抗逆性较强，发病率低。

(6)赣莲85—5　这是江西省广昌县白莲研究所从湖北省引进的多个杂交组合后代中选育而成的新品种。该品种具有高产稳产、品质优、适应性强、生长期短等特点。每千平方米产壳莲 90～120 千克，且易加工，易退种皮，颗粒均匀饱满，外表有光泽，在 1990 年全国第一次子莲研讨会上被评为优良新品种。

该品种叶梗较粗，叶色深绿，花梗高于叶柄 20～25 厘米，系叶上花；花色浅红，单瓣，花期 70 天左右。每千平方米可产莲蓬 6 450～6 750 个，每蓬有莲子 30 粒左右，最高可达 53 粒，结实率达 85%～95%。全生长期为 155～160 天，系中熟偏早品种，立秋前后可采收。

2. 藕　莲

藕莲的品种资源十分丰富。据中国农业科学院调查，初步查明具有不同特色的各地品种有 120 多种。近年来，一些新的藕莲品种又不断出现，使藕莲品种越来越丰富。

(1)苏州藕莲　此品系有两个品种。

①花藕　又称无花早藕，为优良的极早熟品种，以早熟、优质而闻名。立叶扁圆盘形，叶薄，较平整，浅绿色，叶柄长 160 厘米，花少或无。藕长 80 厘米左右，中段有 4～5 节，节间长 16～20 厘米，直径 6～8 厘米，粗短圆整，皮色黄白，肉白色，一般有 4 个子藕。生长期 90～95 天，4 月(谷雨、立夏)栽

植,7月底开始采收。花藕入土浅,容易挖,耐肥,耐密植。藕身粗短圆整,皮色黄白,品质优,鲜甜脆嫩,无渣,宜生食。一般亲藕重1.5千克左右,全藕重2.5～3千克,每千平方米产10吨左右。

②慢荷 又称晚荷。中熟种。立叶圆盘形,叶厚,花大,白色。藕身长80～120厘米,中段3～4节,节间长20～30厘米,直径7～8厘米,表皮黄白色,一般有子藕3个。生长期约110天,4月下旬(谷雨、立夏)种植,立秋、处暑时收获。亲藕重1.5～2千克,全藕重2～3千克,产量较高,每千平方米产10～15吨。肉质细嫩,较甜,含水量少,宜熟食,细腻粘糯。

(2)杭州白花藕 产于浙江省杭州,早熟种。生长势不强。花白色,藕节粗短,横断面稍带扁圆形,皮带褐色,肉厚,质脆,孔大,水分多,宜生食。

(3)小粗脖子 产于山东各地,早熟种。立夏、谷雨栽植,大暑、立秋收获。藕身节间短,圆形。入土浅,易挖取,品质优良。

(4)六月抱 又称股子筒。产于湖北,为早熟种。清明、谷雨栽植,大暑到立秋收获,每千平方米产1050～1500千克。花白色,但开花极少,莲蓬小而空粒多。亲藕有5～6节,节间粗短,品质佳,生、熟食均好。

(5)鲜花藕 又称挺心荷。产于湖北省洪湖。早熟种。清明、谷雨栽植,大暑、立秋收获。每千平方米产1050～1500千克。叶大,中挺出,边缘下垂,花少、色白,亲藕4～5节,皮色黄,略有麻点,有子藕2～3个,生在一侧。

(6)宝应贡藕 主要品种有大紫红、美人红、小暗红、大红刺等。

①大紫红 生长势强,单株亲藕有8～15节,长6～11

米。花白色,开花期为6～9月,7月中旬为盛开期。大紫红的特点是:前期早发,中期快长,后期不早衰。

②美人红 中熟种。立夏、小满栽植,白露、霜降收获。耐深水,每千平方米产1 500千克左右,高产时可达3 000千克。藕身较大,皮、肉均白色,幼时叶柄呈鲜紫红色,十分好看,故名"美人红"。品质中等,生、熟食均可。结藕入土较浅,便于挖取。

③小暗红 晚熟种。立夏、小满栽植,霜降、立冬收获,每千平方米产750～900千克。藕节较短,含淀粉多,宜熟食,亦可加工制粉。结藕入土较浅,易于挖取,耐深水,抗风、抗涝性较强。

(7)雪湖贡藕 产于安徽省潜山县天柱山下的梅城,相传明代曾将其列为贡品。

它实为塘藕,开花结实少,花白色,耐深水,可达1.5米左右。藕身洁白如玉,粗壮肥大,横断面圆形,有"七棱、九孔、十三节"之说。亲藕5～6节,重3.5～5千克,最大可达7.5千克,每节藕重0.75～1.5千克,最长一节可达50厘米。嫩藕生食,鲜脆、味甜、清香,入口无渣。老藕熟食,含淀粉多。一般3月底至4月初栽植,到8月下旬至12月份收获亲藕,翌年2～4月份收获子藕。

(8)富平藕 又叫莲菜、九眼藕,产于陕西省富平县,为关中地区品种,分布于县城以西的温泉河上游,以齐村乡仁北村为主要产区。富平藕有红莲、白莲两个品种。

①红莲 又叫粉莲。初生叶稍带红色,叶大,花多,呈粉红色,故名红莲。亲藕长1.65米,有5节,最长一节可达60厘米。外皮微呈红褐色,表面密生褐色小斑点。全藕重2～2.5千克。晚熟种。抗逆性强,生长期亦长,开花早,耐肥、耐连作。藕

含淀粉多,宜制藕粉。4月底至5月初栽植。9月下旬开始收获,10月下旬至翌年4月下旬均可挖取。每千平方米产2 200千克左右。

②白莲　又叫菜藕。初生嫩叶绿白色,叶小,花少,白色。亲藕长1～1.3米,有4～5节,节短而粗。外皮白色,上有稀少淡褐色的小斑点。全藕重1.5～2千克,早熟种。春季萌发较早,开花迟,肉质脆嫩,味甘,含淀粉少,适作菜用。7月下旬可挖藕,称为花下藕。8月中旬开始收获,耐贮藏,每千平方米产1 500千克以上,高产时达3 000千克以上。

(9)广州丝苗　广州的藕莲品种有海南洲、广州丝苗和京塘丝藕3个品种。

①广州丝苗　叶高2～2.5米,较大,深绿色,被蜡质,有光泽。亲藕大,有5～6节,节细长。子藕3～4个,两边分生。花小白色,边缘带浅红色。晚熟种。生长期为160～180天。长势好,藕深生,组织结实,含淀粉多,品质优,产量高,每千平方米产1 500～2 200千克以上。

②海南洲　广州市郊的早熟品种,生长期为150天左右。叶直立,高1.5～2米,叶片圆形,叶面直径70厘米,深绿色,肉厚,叶脉明显,叶窝较深,被蜡质,有银色光泽,叶柄青黄色,有刺,亲藕长100厘米,有4～5节,节大而短。单藕重1.5～2千克。藕外形美观,质嫩可口,但产量及淀粉含量逊于广州丝苗。

③京塘丝藕　晚熟种。生长期为200～240天。长势旺盛,叶直立,高1～1.5米,叶片圆形,叶面直径65厘米,绿色,叶肉较薄而质脆,叶脉明显,叶窝较浅,被蜡质,有光泽,叶柄青黄色、有刺。亲藕细长,有4节,节瘦长,有子藕3～4个,向两边分生。花少,白色,边缘带浅红色。单藕重1～1.5千克。品

质优,含淀粉量多。

(10)贵县藕莲　产于广西壮族自治区贵港市。亲藕肥大而长,节长 15 厘米,直径 7 厘米。单藕重 2.5～3.0 千克,子藕 3～5 个。表皮黄白色,节间略扁圆。花白色,花瓣末端粉红色。每个莲蓬有莲子 20～30 粒。晚熟种,生长期为 200 天以上,耐肥,病虫害少,适于肥沃深厚的水塘栽培。嫩藕甜脆,富含淀粉,加工出粉率 7.54%,品质上乘。

(11)长沙大叶红　长沙莲藕有大叶红和大叶白两个品种,但以大叶红品种为优。大叶红又叫三方筒子、鸡胸子。早熟种,耐寒,喜肥,宜浅水栽培。生长期为 110 天左右,4 月中旬栽植,7 月中旬收获,每千平方米产 2 000 千克左右。花白色,边缘浅红色。亲藕长 1.3 米,节间长 26 厘米,直径 6.3 厘米,横断面 1～3 节为三角形,故有三方筒子之俗称。单藕重 2 千克左右。肉质甜,品质好。

(12)白花藕莲　系贵州省贵阳地方品种,适于浅水中栽培。叶片圆盘形,绿色。间或开花,白色。藕身长,粗圆形,皮色浅褐,节间短,肉白色。肉质脆嫩味甜,生、熟食皆宜,品质好,产量高。为中晚熟品种,生长期为 180～200 天。

(13)大白花　又称花香藕、黄雀头,产于江苏省南京市一带,为早熟品种。谷雨栽植,立秋收获。每千平方米产 1 050～1 500 千克。花白色,较大,故名大白花。藕身长,品质较好,生食、熟食均可。

(14)大鸭蛋头　产于江苏省南京市一带,耐肥,为早熟种。谷雨栽植,立秋收获,每千平方米可产 1 500 千克。藕身长大,前端一节较小,形如鸭蛋,故名。结藕入土较深,底土比较紧密时宜于栽培。

(15)茄头绵藕　产于山东各地。中晚熟种。立夏前后栽种,寒露、霜降收获,产量较高,每千平方米产 1 500～2 250 千克。叶柄长,多刺。藕身较长,略呈扁圆形。品质好,适于熟食和加工。

(16)四方橙子 产于湖北省沙市一带。晚熟种。谷雨前后栽植,霜降、立冬收获,产量很高,每千平方米产 2 250 千克。开花少,色白。藕身长大,可达 1.5～2 米。藕的横断面呈四方形,故名"四方橙子"。亲藕 5～6 节,有子藕 3～4 个。品质好,肉质细,生、熟食均可。

(17)湖南泡子 产于湖南各地。中晚熟种。谷雨前栽植,寒露、霜降收获,耐深水,抗风力强。产量较高,每千平方米产 1 500～2 250 千克。叶高大,色暗,叶面呈窝状,叶柄及花稍带红色。亲藕 5～6 节,形细长而侧扁,有子藕 3～4 个。品质好,肉质细致,生、熟食均可。

(18)鄂莲 1 号 湖北省武汉市蔬菜研究所选育的品种。叶柄长 130 厘米,叶椭圆形,叶面直径 60 厘米。开少量白花。亲藕 6～7 节,长 130 厘米,单支重 5 千克左右,皮色淡黄。7 月中旬可收青藕,每千平方米产 1 500 千克;9～10 月份收老藕,每千平方米产 3 750～4 500 千克。宜炒食。

(19)鄂莲 2 号 武汉市蔬菜研究所选育的品种。叶柄长 180 厘米,叶近圆形,叶平展,叶面多皱褶。开白花。亲藕 5 节,长 120 厘米,单支重 4～5 千克。每千平方米产 3 300～3 750 千克。皮白色。宜煨煮。

(20)鄂莲 3 号 武汉市蔬菜研究所选育的品种。叶柄长 140 厘米左右,叶面直径 65 厘米,花白色,藕呈短筒形。亲藕 5～6 节,长 120 厘米左右,单支重 3 千克以上。7 月中旬可收青藕,9 月份可收老藕,每千平方米产 3 750 千克以上。炒食、生食皆宜。

(21)鄂莲 4 号 武汉市蔬菜研究所选育的品种。叶柄长 160 厘米,叶椭圆形,叶面直径 75 厘米。花白色带红尖。亲藕 5～7 节,皮白色,长 120～150 厘米,单支重 6～7 千克。7 月中旬可收青藕,每千平方米产 5 250 千克,比一般品种增产 50% 左右。生食、煨汤均可,味甜。

(四)栽培技术

莲藕栽培方法有藕田和藕荡两种;子莲栽培的称为"浅水莲"或"深水莲"。

1. 藕田和藕荡的选择

藕田,也就是浅水莲。主要种植于水田,利用低洼的沤田、圩田种植,水深一般不超过 40 厘米。要求土质肥沃,保水、保肥性强。

藕荡,也就是深水莲。主要利用池塘、湖泊、河坝、港汊进行种植,水位一般为 60～80 厘米,最深达 1.2 米。要选择水位不太深,水流不急的地方。如果面积过大,周围应栽植茭草、芦苇等,以阻挡大风急浪,防止其对莲藕叶片及花梗造成损害。

2. 品种选择

根据当地自然条件和栽培要求,选择适合品种。如湖荡水位较深,生长期长,可选用小暗红、四方橙子等深水、晚熟品种;若水位较浅,可选用大白花、大鸭蛋头等品种;如在沤田栽培,可选用花藕、慢荷等品种。

3. 整地施基肥

田藕不宜连作,应与其他水生经济植物轮作。荡藕一般连作,栽植一次后,连续采收 3～4 年,但连作后地下匍匐茎太多,引起产量逐年下降。有条件的应 3 年清理一次,重新栽植。

藕田宜选择土质疏松、肥沃、富含有机质的水田,要求淤泥层厚15～20厘米,灌排方便,阳光充足。如用绿肥田种植,可在3～4月份,将绿肥耕翻入土。

莲藕栽植前要整地施基肥,整地要求深耕多耙,做到田平、泥烂、杂草尽。所以一般先旱耕,施入基肥后再水耕。湖荡水位较深,不能放干旱耕的,也要弄平荡底,填补低洼。

莲藕生长期长,需肥量大,不能用速效氮肥作基肥,以免引起植株徒长。基肥应以有机肥料为主,磷、钾肥配合。尤其是子莲栽培,磷、钾肥尤为重要。一般结合整地施基肥,每公顷施入厩肥或猪牛粪16 500～22 500千克,或绿肥、水草21 000～30 000千克,或人粪尿21 000千克。有条件的地区适当施放草木灰750～1 500千克。湖荡地区以施绿肥为主。如前作为蒲草,其根株腐烂后,土壤有机质较多,可少施基肥;若前作为芦苇,土中积累有机质少,应多施基肥。

4. 栽　植

适时栽植是提高莲藕产量和质量的重要一环。栽植时间因地区和品种不同而异,一般多在当地断霜后,从清明开始到立夏为止。过早栽植,温度偏低,容易使种藕腐烂(低于15℃);过迟栽植,茎芽较长,易受损伤,同时因缩短了生长期,对莲藕生长不利。

栽植前从留种田挖取种藕,选出符合本品种特征,且藕身粗壮、整齐、节细,子藕和孙藕应顺向一侧生长。如果种藕上的小叶已抽出,则应选择放射叶脉多达22～24条以上者为优。一般应选全藕或较大的亲藕及子藕做种。种藕至少要有完整的两节,如仅取一节,由于养分少,栽植后生长缓慢,产量低,甚至有腐烂的危险。

莲藕栽植的密度因品种、土壤肥力、栽培形式和栽培季节的不同而异。一般早熟品种宜密,土质肥宜稀;田藕要稀,荡藕要密,子莲更稀;早种宜稀,晚种宜密。早熟品种和瘦地宜密,晚熟品种和肥地宜稀。

栽植密度和用种量。田藕有单支(每支2～3节)和双支栽植两种。单支行株距为1.5～2米×1米,或2.7米×0.7米;双支的行株距为2米×1.5～2米。荡藕因栽植困难,一般采用穴栽,每穴栽种藕3～4支,穴距2.5米×1.5～2米。子莲栽植较稀,单支栽植距离为1.7×2米;穴栽行株距6～7米×3～5米,每穴3～4支。用种量过去一般以种藕重量来计算,这种计算方法不十分科学,应以"藕头"(种藕顶芽)来计算,比较切合实际。一般藕莲每公顷要栽藕头10 500个左右,用种量约为2 700～4 200千克。子莲要栽藕头4 500个左右,用种量约为600～1 200千克。

栽植用的种藕要随挖随栽,防止芽头枯萎。如果当天栽不完,要洒水覆盖保湿。若是外地引进,除了要注意保湿外,在运输过程中,要做到轻装轻运,轻提轻放,防止碰伤或折断芽头。但不论是栽植藕莲或子莲,还是田藕或荡藕,栽植时原则上要求四周边行的藕头一律朝向田(荡)内,以免地下茎窜入田(荡)埂外。为了使莲藕生长均匀,一般以梅花形定植为好。双支定植的藕头相对平行排列;单支定植的从左、右两边行开始,两边藕头都向中间排放,到最中间的两行的行距要放大,俗称"对厢"。

田藕的栽植,可先按预定的行株距,藕头的走向,把种藕分布在田面,边行离田埂1.5米。栽植深度为藕头入土13厘米左右,以不漂浮或动摇为原则。栽时一般斜植,藕头稍深,后节稍翘,呈20°～30°倾斜,以免地下茎抽生时露出土外。如土质粘硬,藕头深栽后地下茎伸长困难,则宜平植,栽后覆土10厘米左右,以利生根。

荡藕的栽植比较困难,所以一般用穴栽,每穴栽种 3～4 支,有芽头 6～8 个左右。栽时把种藕 3～4 支扎成一捆,放在水面,用绳子系在小船上,随船拖引。荡内水位深,无法用手栽种,所以栽种时先用脚在荡底蹬泥开沟,然后用"藕杈"把捆好的种藕插入沟中,再用脚盖上泥土。

据江苏各地的经验,莲藕若受酒气侵袭,极易引起腐烂,因此"种"藕和"收"藕时,不能沾染酒类物质。又据湖北各地经验,早熟品种栽培一般先行催芽,然后种植,这样可防止栽植时间过长,由于温度低,而引起烂种缺株。

5. 日常管理

(1)中耕除草　栽植后约半个月就出现浮叶,此时应进行中耕除草。沤田应将行间土壤搅动,顺势除杂草埋入土中。湖荡中应拔除杂草,把杂草成把踏入泥中,作为肥料。中耕除草一般进行 2～3 次,到夏至、小暑时荷叶长满水面"封行"为止。除草如发现野莲藕,应及时除去,因野莲藕生长势强盛,常会压倒家莲藕的生长。家莲藕与野莲藕形态特征的区别是:野莲藕荷叶出水时"箭头"卷得很松,叶柄密生大刺,且向上勾,叶面粗糙,叶脉粗大而色白,花为红色。

中耕除草可结合植株调整进行,把浮叶、黄叶、枯叶捺入泥中,但是在植株封行之前,不要过早把浮叶除去。

近年来,有些地方用化学除草剂对藕田(荡)进行除草。据试验,在禾本科杂草——看麦娘、稗草、马塘、牛筋草等 3～4 叶期,用 12.5% 的盖草能或用 35% 精稳杀得喷雾。用药前将藕田先排水,每公顷用药 600 毫升,加水 600～750 千克喷洒。喷后 3～4 天,禾本科杂草茎叶枯萎,根变黑褐色而腐烂,7 天后枯死,效果较好。

(2)追肥　在莲藕旺盛生长阶段的前半期,地下茎和立叶迅速增长时,应追施一定肥料。

莲藕追肥,藕莲和子莲有所不同。

在藕田一般只追肥 2～3 次,在封行前追施结束。第一次在栽植后 20～25 天,有 1～2 片立叶时进行,可施猪厩肥、豆饼、人粪尿等。每公顷施猪厩肥 15 000～21 000 千克,或人粪尿 15 000～21 000 千克。第二次在封行前施结藕肥,每公顷施人粪尿 21 000～30 000 千克,或硫酸铵 14～20 千克。如生长仍不旺盛,半月后再追施 1 次,到夏至为止。最后一次追肥,因叶片和地下莲鞭已在田中纵横交错,操作务必小心,以免踏伤或碰断。每次追肥前,适当将田水放浅,追肥后用清水泼浇、冲洗叶片。据广西栽培经验,粪肥不足时,可施挥发性不大的含氮化肥(如硫酸铵)1～2 次,每公顷每次施 225 千克,施前放干田水,然后均匀撒施土中。

藕荡追肥,粪肥多易流失,一般应及早追施绿肥。江苏省里下河及洪泽湖地区,栽藕后 30～45 天,植株开始抽生立叶,定时应追施 1 次绿肥,每公顷施入水草、茭草等绿肥约 75 000 千克左右,撒铺水面,厚约 1 厘米。第一次施肥后一个月左右,约在夏至、小暑以前,如植株生长茂盛,立叶既多又大,已经基本封行,则不必再追肥;如果生长不旺,立叶不多,叶色较淡,株行间还有不少空隙,应及时追施一次绿肥。这种施肥方法,不仅水草腐烂后能增加肥力,而且能防风稳苗,还能闷死地下害虫,消灭杂草。

子莲追肥以苗轻、蕾重、花劲,用好后劲肥,增施磷、钾肥料为原则。苗期施提苗肥,每公顷施尿素 75～90 千克,氯化钾 75～90 千克。现蕾期重施现蕾肥,每公顷可施尿素 150 千克,过磷酸钙 300 千克,氯化钾 75～90 千克。开花期每公顷施氮、磷、钾复合肥 210 千克,过磷酸钙 150 千克,氯化钾 52.5 千克,可分3～4次施用。8月上旬子莲进入生长后期,可再补施尿素105～150千克,可防止早衰。子莲对氮、磷、钾的需求比例为1.8∶1∶1。

莲藕施肥可结合中耕除草,一般在中耕前追肥,追肥后通过中耕,使肥土充分均匀混合,以利根系的吸收。

（3）控制水位　一般莲藕对水位的要求:前期浅,以利提高温度,加速成活,促进萌芽;中期深,利于莲藕生长;后期浅,水深了会延迟结藕。

藕田一般可以控制水位,在莲藕栽植时以3～5厘米的浅水为好。栽植后15天内以不超过7厘米为宜。随着植株生长,出现立叶2～3片时,加深到10厘米左右,再随着气温的升高,水位可加深到12～16厘米。到结藕时,水位下降到3～5厘米。最好能日排夜灌,白天排至3厘米,夜间灌至12～15厘米。挖藕前加水到10～13厘米,使泥糊烂,易于挖藕。

深水藕荡如能控制水位,也应掌握以上原则,即由浅到深,再由深到适度浅的控制水位要求。前期保持20厘米的浅水,中期控制在50厘米的水位深度,后期降到25～30厘米的浅水。

子莲控制水位的原则与藕莲基本相类似,但在开花结实时水位又不宜过深,一般在15～25厘米就可以了,以便提高温度,有利于开花结实。

总的要求是:要防止水位猛涨,淹没立叶。否则,即使水位在1～2天内下降,也会造成较大的减产;如淹没时间过长,就会使植株死亡。如1954年湖北省遇到特大洪水,该省洪湖县沙套湖植莲场的200余公顷莲田(种植子莲),由于莲藕遭受"灭顶之灾",历时达2个月之久,结果年底颗粒无收。第二年只好重新种植莲藕才恢复生产。如遇到台风袭击,也可适当加深水位(注意：不能淹没立叶)，以保护荷叶。

(4)调节植株　莲藕的植株调整工作包括摘老叶、折花梗、除老藕、转藕头等。

浮叶、老叶、枯叶、黄叶等都应及时除去，以利通风透光，摘后可踩入泥中作为肥料。前期浮叶尚能起光合作用，制造养分，不宜过早摘除。

种植藕莲，折断花梗可减少养分的消耗，但种植子莲则不可折断花梗，否则会影响子莲的产量。反之，子莲栽培在出现立叶5～6片时，要除去种藕。而种植藕莲的，绝不能除去种藕。

从植株抽出立叶和分枝开始，到开始结藕以前，应定期拨转藕头(即莲鞭顶芽)。生长初期每隔7天进行1次，生长盛期隔3～5天进行1次。其方法是：在藕田(荡)四周检查，发现有嫩叶长在田边，表示藕头已到田边，应伸手入泥将幼嫩的莲鞭转向田内，用泥压好。在生长初期，如发现田内植株稀密不均，宜将密处的藕头拨向稀处。

转藕头应在晴天下午进行，以免藕头过于脆嫩而折断。为了便于转藕头，湖北各地常先在藕田四周开30厘米深的宽沟，这样可减少断头。

(五)病虫害防治

关于莲藕的病虫害防治，1994年金盾出版社已出版《水生蔬菜病虫害防治》一书，其中莲藕的病虫害防治介绍了莲藕腐败病、莲藕褐斑病(斑纹病)、莲藕叶点霉褐斑病、莲藕叶枯病、莲藕叶斑病、莲藕茎点斑病、莲藕黑斑病等7种细菌性疾病及防治之法，此外还有其他一些病虫害，现简介如下。

地 蛆

俗称水蛆、莲根叶虫,多在夏季发生。幼虫在茎节和根上吸吮汁液,使荷叶发黄。初发生时,每公顷撒石灰 150～225 千克。同时结合追肥撒盖水草,闷死害虫。在为害初期每公顷撒施茶子饼 300 千克,或每公顷用晶体敌百虫 7.5～15 千克拌干细土或尿素撒施,或每公顷用 1.5～2.25 千克,加水 900 升喷雾,或在栽藕前结合整地,每公顷用 50％辛硫磷颗粒剂 45 千克,拌细土或尿素撒施。

蚜 虫

发生在夏末秋初,在叶的背面为害。药剂防治,可选用 40％乐果或 40％氧化乐果乳油,或 50％马拉松乳剂,或 80％敌敌畏乳油,或 50％辛硫磷乳剂 1 000～1 500 倍液喷雾。一般达到防治标准的田块都应防治。在蚜虫密度大或漏治的田块,隔 3～5 天再补喷 1 次。

水 绵

俗称青苔。每公顷用石膏 37.5 千克加水 1 875～3 750 千克喷洒,或用 0.5％硫酸铜液喷洒,每公顷用硫酸铜 15～22.5 千克。

僵 藕

藕身僵化,细瘦,出现条斑,顶芽扭曲、畸形。至今尚无防治之法。

莲纹夜蛾

在莲藕的生长过程中,常受莲纹夜蛾的为害。特别在 6～8 月份,多代幼虫的为害甚烈,7～8 月份为高峰期,严重时被害荷叶仅存叶脉,该虫还咬食花和莲藕幼苗。在幼虫期,可用 50％辛硫磷乳剂 500 倍溶液,或 80％敌敌畏乳剂 1 000 倍溶液喷洒。

莲缢管蚜

受害的莲藕叶片发生黄白斑痕,重者叶片卷曲皱缩,茎叶枯黄。可用40%乐果乳油1000倍液,或2.5%溴氰菊酯乳油2000倍液,或20%速灭杀丁(氰戊菊酯)乳油3000～4000倍液喷洒。

莲窄摇蚊

其幼虫沿莲根、茎爬至荷叶,从叶背啄孔钻入。为害盛期数十或数百条幼虫蚕食叶片,使整个浮叶烂死。在莲藕萌芽前可用3%呋喃丹颗粒剂撒施杀灭越冬幼虫。每千平方米用3～4.5千克。为害初期可用90%晶体敌百虫1000～1500倍液,或80%敌敌畏乳油1000～2000倍液,或50%马拉硫磷1500～2000倍液喷洒。

金 龟 子

主要危害荷花、幼莲和荷叶,可于7月中旬至8月中旬,采用人工捕捉或用灯光诱杀成虫。

(六)收 获

藕莲和子莲的收获,由于其目的(一是收藕,一是收莲子)不同,其收获方法也不同。就藕莲而言,由于其用途不同,在收获时间上也有迟早。一般来说藕莲收获分嫩藕和老藕两种。嫩藕供生食,老藕淀粉含量高,适于熟食和加工藕粉用。嫩藕早熟的5月份就可收获,晚熟种立秋后收获。10月底藕充分成熟,即可收获老藕,一般可收获到翌年清明前;老藕可以在土中安全过冬,但在春季萌芽前一定要收获结束,否则萌芽后部分养分供给芽的生长,会降低藕的品质。华南地区嫩藕于芒种收获,双造藕于立秋和秋分收获,探春藕于秋分后收获。长江流域早熟品种多在大暑到立秋收获;晚熟品种多在白露至霜降收获。荡藕较田藕约推迟 15～30 天收获。白露、秋分前采收的藕，多为嫩藕，含糖和水分较多，淀粉量少，仅能供当时食用；寒露、霜降所收获的藕，才充分老熟，含淀粉量高，收获后可供加工。如留种用，藕身应留存土中，待翌年春季挖取。

收获嫩藕时，首先要确定藕的生长位置与方向。藕的方位在后栋叶和终止叶直线的前方。后栋叶是终止叶前面的一片叶子，也是下降阶梯的最大、最后的一片叶子。终止叶俗称"花吊"，终止叶的特点是叶片卷而不开展，叶背微红色，叶柄刺少，叶中心长叶柄处的叶蒂头特别红。有时因地下莲鞭纵横交错，找不到哪是后栋叶和终止叶连成直线时，可把这两片荷叶摘除，把一根叶柄浸入水中，用嘴对另一根叶柄通气孔吹气，如果浸入水中的叶柄有气泡冒出来，说明这两片叶是相通的，生长在同一根地下茎上，它们的下面就是藕的位置。

嫩藕的收获。一般都在水中进行，收获时用手扒泥，将藕身附近的泥扒开，然后沿着后栋叶的叶片向下，折断莲鞭，慢慢将整藕向后拖出。深水荡藕，不能用手挖藕，可用脚探到藕的位置，同时用手持着后栋叶的叶柄，用脚挖去藕旁之泥，继之，在藕的后方踩断莲鞭，最后持藕节将藕身提出，以防折断。如水太深，可用藕钩钩住藕节，慢慢将其拉出水面。

嫩藕质脆，容易折断，收获时要特别小心。有的地方收获嫩藕时，只挖亲藕，留下子藕，到清明前收老藕。有的留下子藕作翌年的种藕。

嫩藕的产量，因栽培地区、条件、品种不同，相差较大。一般每千平方米产 1 000～2 000 千克。早熟品种及早收获的产量较低，晚熟品种和晚收获的产量较高。同时，田藕的产量往往比荡藕的产量要高一些。通常来说，栽植后的第一、第二年的产量较低，第三、第四年产量最高，到第五、第六年，产量趋于下降,这时要及时轮作换茬。

子莲开花期较藕莲为早,在长江流域,一般在夏至前后开花,大暑开始收获莲子,称为霉子、报讯子。小暑至大暑陆续开花,立秋至白露收获,称为伏子;入秋以后开花,秋分到寒露收获,称为秋子。一般来说,霉子产量最少,但质量并不差;伏子不仅产量高,而且质量好;秋子产量虽高于霉子,但质量却不及霉子。所以伏子是决定子莲产量和质量的关键,必须及时收获。伏子收获季节,由于温度高,成熟快,每隔2~3天就要收获1次。伏子产量占总产量的2/3,粒大饱满,品质优良。秋子可5~7天收获1次,产量不到总产量的1/3,而且粒小质量较差。

莲子成熟时,莲蓬呈青褐色,莲房孔开始张开,莲子果皮呈茶褐色。伏子因烈日暴晒,莲蓬易发黑,应在变黑色时才可收获,秋子只要稍带黑色就可收获。收获莲子必须及时,过嫩莲子不充实,晒后干瘪,过老风吹容易脱落。

子莲的产量,一般每千平方米可收壳莲50~70千克,高产可达100千克。它也和藕莲一样,第一、第二年产量不高,第三、第四年产量最高,第五年产量下降。

(七)怎样实现莲藕稳产高产

目前,莲藕生产还处于较为粗植的状态,产量不高,而且不稳定。大部分藕田、藕荡在连续收获3~4年后,产量便逐渐下降。要改变这种状况,必须进行各方面的改造和改良。

1. 培育良种

(1)选育良种 选择品种纯正、粗壮肥大、抗病力强、产量高、质量好的秧苗作种。

(2)提纯复壮 为了保证品种纯正,应采取定水面、定水位的办法,选定良种基地,进行培植移栽。

2. 合理密植

根据自然条件合理密植,在泥深土肥的水面,应适当单株密植。在泥浅土瘦的水面,应以稀植为好。具体栽植的密度,应根据土质的肥瘦、面积的大小、肥力的高低而定。

3. 老藕田、藕荡改造

(1)开巷 在老藕田、藕荡内,每隔一定距离开一条几尺宽的"巷",将巷内的老莲藕全部割死(或除去),最好还将泥土翻动。经过开巷的地带,入秋就能长出新的莲藕,第二年可望旺收。到了下一年,再在上年未开巷的地方进行开巷,如此反复轮换开巷,既能防止莲藕生长过密,又能促使新一代的生长,获得高产,保证产量的稳定。

(2)去偏枝 所谓偏枝,是指子藕和孙藕。子藕和孙藕长多了,势必影响亲藕营养的消耗,难以保证亲藕的产量和质量。所以,去偏枝就是除去过多的子藕和孙藕。

去偏枝要在莲藕生长过程中,将最后生长出来的几根子藕或孙藕割死。这样可避免地下茎过密和肥力分散,既可使当年亲藕肥壮,或子莲结籽饱满,又能使翌年的新藕生长肥壮。每支种藕以留偏枝 4～6 根为宜。

4. 施 肥

莲藕在生长过程中需肥量是比较大的,可是目前往往施肥不足。特别是大面积的藕荡,很少施肥,甚至于不施肥,因此产量逐年减少,质量也逐年下降。为了提高莲藕的产量和质量,必须重视施肥。如大面积的藕荡,在结合除草的同时,将清除的杂草在藕荡内采取小堆分散的办法进行堆沤,使它腐烂分解。这种"就地取材"的办法,既除了草,又增加了肥料。但是草堆不宜过大,过大了会影响莲藕生长,采取"小堆分散"的办法,才能把肥料分布均匀。

5. 改良土壤

藕荡面积大,改造土壤有一定困难,可采取挖藕秧时结合进行;在挖取藕秧时,一方面将荡泥翻松,另一方面要把过密的地下茎挖掉。这一工作,要逐条逐块地年年轮换,直至藕荡全部更新翻挖后,荡底的土壤松散,改良了土质结构,对提高莲藕的产量和质量能起到一定的作用。

6. 莲、鱼(或其他水生经济植物)兼作

在种植莲藕的水田,进行综合利用,可以放养对路的少量鱼类。例如,利用草鱼、鲤鱼等吃草的特性来清除杂草,利用青鱼来吃掉螺、蚌等,充分利用水域及水的肥力来饲养鲢、鳙、白鲫等鱼类。这样不仅收获莲藕,还可收获鱼类,提高经济效益。

二、菱

(一)概　说

菱为一年生浮叶水生草本植物,原产我国南方,栽培历史已有 3 000 多年。由于其茎蔓长,耐水深,对环境条件适应性强,凡不宜种植莲藕、茭白、芦苇、蒲草等水生经济植物的水面都可以种菱。种菱水面还可间作养鱼,鱼粪可作为菱的肥料,提高菱的产量(图 3)。

种菱投入少,成本低,收益高,是利用湖区、坑塘、沟渠等水面的好途径。

菱的食用部位是果肉,嫩菱可以作水果、蔬菜食用。它含

水分84%，脆嫩甘甜多汁，清凉解渴，是一种很好的水果。作蔬菜时可以炒食、煮食，很香糯，风味特殊。老熟菱含有多量的淀粉，可以代粮食充饥，也可以加工成淀粉，称为"菱粉"。菱粉的用途很广，烹饪上是一种重要的调料，作勾芡之用，也可以制成糕点食品，工业上作为纺织浆料。

菱还有药用价值，能消暑泄热，利尿通气，止渴解毒。在体外抗癌筛选试验中，还发现菱的茎、叶柄、果柄甲醇浸提液有抗癌、治癌的作用。

图3　菱的植株全形

（菱的实际分枝与菱盘
数较多，绘图时省略）

1. 种菱　2. 发芽茎　3. 弓形幼根
4. 土中根　5. 水中根　6. 主茎
7. 分枝　8. 菱盘（叶簇）

（二）品　种

我国各地菱的品种很多，大致上可分为大菱（即家菱或栽培菱）和小菱（即野菱或刺菱）两大类。小菱野生，味美可食，其植株形体矮小，与大菱相比较，除果实以外，仅在形态上有大小之差，别无特异之处。

大菱的品种甚多，按其果实上角的数目及外皮的色泽，可分为：

```
          ┌ 四角菱 ┌ 红菱
          │       └ 青菱
          │                      ┌ 红菱
          │       ┌ 平角菱(角水平展开着)│
   大菱 ┤ 二角菱 │                  └ 青菱
          │       │                  ┌ 红菱
          │       └ 斜角菱(角向上斜生着)│
          │                          └ 青菱
          └ 无角菱——青菱
```

1. 大菱类

(1)**无角菱** 主要产于浙江省嘉兴市南湖,故又名南湖菱。因光秃无角,俗称和尚菱;其果形如馄饨,故又称馄饨菱。果形也有点像元宝,故又称元宝菱。这是菱中最进化的品种,为晚熟品种,具有无角、壳薄、味香、高产、优质等特点,单个重约 14 克,肉质脆,微甘,最宜于生食。老熟后可制"风菱"。一般 4 月初播种,6 月中下旬移栽,8 月中旬开始采摘,至 11 月初结束。每千平方米产量为 1 100～1 500 千克。

(2)**水红菱** 产于江苏省苏州和浙江省杭州、嘉兴一带。早熟种,叶面绿色,叶背、叶柄、茎、果皮均为红色。果中等大小,每千克有 50～70 个,具四角,肩角细长平伸,腰角中长略向下倾。果肉多汁,嫩而甜,宜作水果生食。抗热性差,不耐深水,不抗风浪,宜于内塘栽培。8 月中旬开始采摘,至 10 月下旬采摘结束。每千平方米产 750 千克左右。

(3)**扒菱** 产于浙江省崇德一带,又名乌菱、风菱、大弯角菱。生长势强,果大,为半月形,左右两角长大,为缓弧形而平展,先端向下,宛如水牛角。单果重 23.60 克。嫩果呈绿色,成熟后为暗绿,果肉白色,水分少,含淀粉量高。扒菱宜于作老菱煮食或制风菱和淀粉。为晚熟品种,4 月中下旬播种,自 9 月上旬至 10 月中旬为采摘期。产量中等,每千平方米产 450～

800 千克。

(4)四角菱　产于江苏省里下河地区。早、中熟种，一般 9 月上旬即可采摘，每千平方米产量为 700～1 500 千克。果实中等大小，壳薄肉多，富含水分和淀粉，生食熟食皆宜。果皮绿白色，肩角较大，腰角尖锐。

(5)抱角菱　产于浙江省杭州市古荡一带，也有的称它为元宝菱。生长势强，叶与叶柄均为绿色。果实为高底元宝形，单个重 10.81 克。有短钝角四个，腰角向下弯曲，肩角向上有抱合之势，故名抱角菱。果肉富含淀粉，宜熟食，品质香糯。9 月上旬开始采摘，9 月下旬至 10 月下旬为盛期。

(6)巢湖菱角　产于安徽省淮河以南各县，以巢县和当涂为最多，而巢县的亚父乡西圣宫栽培的历史最长，据说在明代洪武年间已有栽培。品种有绿洲菱、四权菱(即四角菱)和三权菱(即三角菱)，均系中熟品种。

(7)广州红菱　又叫五月菱，是广州市郊泮塘五秀之一。分布于泮塘、小梅、南岸、三沙一带。早熟品种，耐热而不耐肥，生长期短，从定植到采摘约为 100 天。叶面深绿色，叶柄紫红色，果皮嫩时紫红色，薄而软，故有红菱之称。老熟后呈黑色，果皮厚而硬。果肉白色，脆嫩，宜生食。产量高，每千平方米产 1 350～1 800 千克。

(8)长沙四角红菱　主要产于湖南省长沙、望城一带，宜在 1 米深的水面栽培。从播种到采摘约为 150 天。当地于 4 月中旬直播，9 月上旬至 10 月上旬采摘。果皮紫红色，四角坚硬平伸，故有"四角红菱"之称。产量中等，每千平方米产 750～900 千克。

(9)邵伯菱　为江苏省江都市邵伯镇的地方品种，具有壳薄、味甜的特点，品质优良，清代曾为贡品。

菱有对称的四角,淡绿色,元宝形。单个重8～10克,大的可达12克。分枝性强,为早中熟种,当地于4月上旬播种,8月中旬至10月上旬采摘。产量不高,每千平方米产450～600千克。

(10)小白菱　产于江苏省苏州市郊黄埭和斜塘一带,又称无锡菱。中晚熟品种,4月上旬播种,9月中旬至10月下旬采摘,成熟期长,产量中等,每千平方米产450～800千克。肉质硬,含淀粉量高,宜熟食。果中等大,有小角四个,肩角略向上斜伸,腰角细长下弯,腹稍隆起。果皮绿白色,较厚而坚。菱盘小,茎蔓坚韧,生长势强,抗风浪力较强,生长适应范围较广,宜湖荡深水栽培。

(11)大青菱　产于江苏省吴江、吴县、宜兴等地。中熟种,播种和成熟期与小白菱相同,但产量比小白菱高,每千平方米产750～900千克。品质中等,果形大,每千克40～50个。皮绿白色,肩部高隆,有四角,肩角平伸而粗大,腰角亦大,略向下弯。

(12)沙角菱　产于江苏省吴江、吴县等地。中熟种,4月中下旬播种,9月下旬至10月上旬采摘。产量不高,每千平方米产300～450千克。果形小,有四角,肩角细锐平伸,腰角向果侧斜伸。皮绿白而厚。肉坚实,富含淀粉。宜熟食。根茎强韧,叶小密生,抗风浪强,耐深水和瘦地。

(13)蝙蝠菱　俗称蝙蝠红,产于江苏省南京市郊。早熟品种,4月上中旬播种,9月中旬至10月上旬采收,每千平方米产600～750千克。生长势较弱,叶表面浓绿,背面为赤褐色,果皮深红,有左右两角,斜向上开展,角的先端钝,状如蝙蝠耳,故有蝙蝠红之称。

(14)苏州红　江苏省苏州市城内南园及葑门外为苏州红

的主要产地。生长强盛,叶表面浓绿,叶面、叶脉、叶柄及茎均呈水红色,果皮亦鲜红色,故有苏州红之称。有四角,肩角短小而平展,腰角稍长,向下斜生。果肉多汁而微甘,宜于生食。为早熟品种,4月上中旬播种,9月上旬至10月下旬采摘,采摘期长。且有不易老落的优点。

(15)牛角红　原产于江苏省南京市莫愁湖一带。生长势较弱。叶面浓绿色,叶背赤褐色。果形大,平均重16.6克,最大者可达30克。皮色浓红,有肩角2个,斜向上开展,角的先端钝,如水牛角,故有"牛角红"之称。

(16)圆角菱　产于江苏省吴江市的平望、八坼、盛泽等地,又名光头菱。果小,有四角,已甚退化,短小而先端圆钝,故又有"圆角菱"之称。果皮绿色,壳薄而坚硬。4月上中旬播种,9月下旬至10月下旬可采摘。成熟后不易落果。品质中等,宜煮食,香味甚佳。

(17)七月菱　产于广州市郊。为晚熟品种。果皮绿色,果形长大,两(肩)角粗大下弯,含淀粉量高,宜熟食和制粉。

(18)馄饨青　原产于浙江省杭州市湖墅一带。生长势中等,叶面浓绿、叶背淡绿色。果形略似馄饨,故名。有四角,但已退化,呈圆钝形。嫩菱鲜绿色,宜生食;老熟菱宜煮食,品质佳。4月上旬播种,9月上旬开始采摘,9月下旬为盛产期。

(19)白壳子　原产于浙江省杭州市古荡及武林门外一带。生长势强,叶及叶柄鲜绿色,果中等大,略为半圆形。有四个钝角,肩角短而平展,腰角稍长而向下斜生。适度成熟时果皮呈白绿色,故称"白壳子"。壳稍薄,易剥,嫩者可生食,老者最宜煮食。在浅水栽培时,4月上中旬播种,8月上旬即可开始采摘,一般从9月中旬至10月中下旬为盛产期。

(20)元宝红　原产于浙江省杭州市武林门外一带,为早熟品种,生长势强,叶面绿色,叶背、叶脉及叶柄均呈水红色。果实中等大,具有四角,肩角略近水平开展,甚短;腰角甚长,先端向下斜生,角的先端萼片硬化,扁而坚硬。果面鲜红色,果柄底色绿而带暗红。壳软易剥,肉脆而质细,水分多,微甘,最宜于生食。4月上旬播种,7月上旬即可开始采摘,生长期短。

2. 小 菱 种

小菱种主要是沙角菱,产于江苏省吴江市的平望、盛泽等处,此系野生种。生长势极强,叶小,绿色。果甚小,有4个角,甚长,锐尖如刺,故俗称刺菱。果皮薄而坚,绿色。8月中旬至10月上旬为采摘期。果肉硬,富含淀粉。煮食有芳香,具有特殊风味。

此外,小菱种尚有红沙角菱,形态与沙角菱相似,果实及茎、叶呈水红色,故名。

(三)栽培技术

菱的栽培形式可分为内塘栽培和外荡栽培。内塘栽培是利用深水池塘、洼地、圩田种植,一般水位可进行人工控制。外荡栽培是利用湖汊、港湾进行种植,受自然条件的影响较大。

1. 播种育苗

菱的繁殖方法有直播和育苗移栽两种。播种育苗即育苗移栽,此法植株均匀,生长良好,产量高。

(1)苗床选择 育苗地应选择避风向阳,水位较浅,排灌方便和土质较肥的池塘。一般多利用养鱼多年的池塘,因为这种池塘泥土比较肥厚,有利于菱秧的生长发育。如有可能,在育苗前一个月,先放干塘水,暴晒塘泥,这样可促使泥土风化,然后放进水,深约1米左右。

(2)播种期 由于各地气候条件不同,播种期有迟有早,如广州地区,从 9 月份至翌年 2 月份都可播种;而长江中下游地区,则应于 3 月下旬至 4 月上旬播种为好。

(3)播种量 育苗塘的播种量要根据土质肥瘦而定,肥塘要稀播,一般每 100 平方米的育苗塘用菱种 11～14 千克。播种时把菱种均匀地撒播。

(4)播后管理 菱种播种后要保持水位 5～6 厘米,利用阳光增温催芽。有条件的地方,可每隔 5～6 天换水一次。出芽发根后,随着菱株生长,水位可逐渐加深到 30 厘米左右。当茎叶长满育苗塘时(此时已见菱秧分盘),即可进行移栽。

(5)移栽时间 长江中下游地区,一般于 5 月中下旬至 6 月上旬移栽。虽然 7 月份也可移栽,但由于生长期短,对产量有影响。

(6)移栽方法 移栽时用左右两手轮流逐段将菱株轻轻往上拉,一般要拉到 3 米以上,见到白根为止。拉时要防止用力过猛,以免扯断菱株。然后每 8～10 株菱秧为一束,用小草绳结扎下部,放置船上。一般要求当天拔,当天栽。栽时每船 3 人,1 人在船头,用菱杈(长约 5 米,竹竿一端装一铁制小叉),叉住菱束绳头,按移栽距离逐束插入水底泥中;一人在船中用小草绳结缚菱秧,以供栽插;一人在船后,撑篙前进。菱秧结绳时,应注意菱秧加上草绳的长度,要超过水位深度。这样菱秧植后,能直立水中,受绳的固定,不易摇摆,利于生长。如水深 3 米,菱秧长 2 米,草绳长度应在 2 米以上。

(7)栽植距离 栽植的距离因品种和栽培条件不同而异,如土质肥沃,水位较浅,每穴栽 5～8 株,穴距 1.5 米见方;如水位较深,风浪较大,每穴栽 10～13 株,穴距 2～3 米见方。因每穴栽植株较多,株间互相支持,抗风浪能力加强。长江中下游地区,要求 7～8 月份植株初花时,以达到菱叶密接,不露出水面为好。如菱叶生长过旺,过早密接,初花期植株就嫌拥挤,容易引起落花落果;反之,如初花期菱叶过稀,露出的水面空隙过大,植株缺乏足够的绿叶面积,不能充分利用光能,生长后期还会分生无菱小菱株,白白消耗植株养分,不能结实,造成减产。

栽植时如有部分菱秧不能及时栽完,应排放户外遮荫的清凉水中,以保持鲜活,隔日再栽,切不可堆放。

2. 直 播

菱塘一般水位不深(3米以内),大多采用直播,虽然产量稍低,但可省去许多工序。

(1)菱荡准备

①清荡 清荡就是清除荡内的野杂鱼和杂食性或草食性的鱼类,以及杂草、野菱等。尤其是草食性的鱼类,如鳊鱼、草鱼之类,它们会吞食菱秧,必须彻底清除。如果是老菱荡,还必须清除自行落下的老菱,这是保证选种效果、改善群体结构的关键。

②围荡扎岸 就是将菱荡四周围起来,防止风浪直接冲击菱株和水草漂进菱荡。同时,不准船只在菱荡中通行,不让水禽进入菱荡损害菱株。围荡的具体做法是:用竹篾编成竹绳,在距菱株5米的外围,用竹绳围圈,并用木桩固定。

每隔12米左右打一根木桩,再用水花生的茎蔓捆扎在竹绳上。水花生繁殖后密布竹绳周围,就可以起到保护菱荡的作用(没有竹绳也可用聚乙烯绳子代替)。

(2)催芽 播种前要求菱种发芽,以便播种后易于出苗,减少缺株,但发芽长度不能超过2厘米。播种时要小心,不要碰伤芽头。

(3)播种期 因品种和地区的不同,播种的时间有早有迟。在长江中下游地区，一般在 4 月上旬播种；而华南地区从 9 月份到翌年 2 月份都可播种。如冬季温暖，早熟品种可在 9～11 月份播种，晚熟品种在翌年 1～2 月份播种。

(4)**播种方法**　播种的方法可分条播和撒播两种。目前，一般多采用条播。在江苏省里下河地区，水深 1.5～2 米的较浅菱荡，也有的用撒播法将发芽的菱种均匀撒入水中。撒播的播种量要比条播多，生产上采用较少。

较深的水位，大多采用条播。这是因为水位较深，撒播后落土不易均匀。条播时，可先根据菱荡的地形，划成几条纵行，在每行的两头插上行竿作为标志，然后用船装运菱种，一人撑船，一人用长柄木瓢把菱种播入水中，按"行"均匀播种。

条播的播种量和密度，因品种和水面条件不同而有差别。一般来说，较肥的塘可以稀一些，较瘦的塘应密些；熟荡(去年种菱的)可以偏稀，生荡(未种过菱的)应偏密；水位较深的要少一些，水位较浅的要密一些；晚熟品种偏稀，早熟品种偏密。条播的行距为 2.5～3 米，每千平方米播种量为 30～35 千克。

3. 日常管理

(1)**间苗**　无论是直播还是育苗移栽，都要进行间苗工作。根据菱苗生长情况，要疏密补稀，秧苗多的地方，要进行疏苗；缺秧的地方要进行补苗。一般来说，到 7 月份菱叶要满荡封行。如果过早封行，则植株拥挤，容易烂苗，并产生落花落果，应进行间苗，即每隔 4 米左右拔除一行。

(2)**除草**　俗语说："种菱不除草，自己找烦恼"。这说明除草工作十分重要。菱荡里的各种水草和野菱，与菱争肥、争水、争地盘，对菱的生长发育不利，应及时拔除。

(3)**施肥**　菱荡一般不施肥，但在开花期应喷洒 2%～3% 的过磷酸钙和 0.2% 磷酸二氢钾 2～3 次，这样能取得增产效果。

（四）采　摘

菱是分批成熟的，因此要分批及时采摘，否则果熟自落，就会造成损失。采菱要根据用途而定：生食的宜采摘嫩菱；熟食或加工淀粉的应采摘老菱，这样可提高出粉率和淀粉质量。

一般来说，开花后花梗沉入水中，经过 15～20 天即可采摘嫩菱，8～9 月份是采摘盛期。嫩菱采摘要勤，每隔 3～7 天采摘 1 次，共可采摘 8～12 次。采摘盛期每隔 3 天采摘 1 次，称为"五天两头采"。

采菱要做到"三轻"和"三防"："三轻"即提叶盘要轻，摘菱要轻，放回叶盘要轻；"三防"即一防猛拉叶盘，使植株受伤，老菱脱落入水；二防采菱速度不一，使部分老菱漏采；三防老、嫩菱一起采。总之，要老、嫩分清，将老菱采摘干净。

采摘的菱要漂洗干净，不带烂叶、泥土和水草等杂物，剔除烂果、碎果、虫咬果和果皮不完整的果实。嫩菱要留短果柄，但不能去除果柄，否则蒂部会变褐色。老菱应除去果柄，然后浸于水中，使其保持鲜度。

（五）良种选择

一般在菱的盛果期，即第四、第五次采摘时是选种的最佳时期。选种可片选或果选。先行片选，选择生长强健，无病虫害，开花多而且集中，符合本品种特征的菱片。留种的菱荡要先采摘掉 3～4 批菱果后停止采摘，隔 20 天再采摘种菱。因老菱容易脱落果柄，所以采摘种菱时不可将菱叶翻转，而要将菱叶轻轻提起，摘下种菱，防止落水。

种菱采摘后，再进行果选。果选的具体要求是：① 具有本品种固有特征；②形态整齐端正，皮色深，无病虫害；③皮薄肉厚，充实饱满；④果实背面与果柄分离处有2～3个同心花纹，表明果实已充分老熟。果实初选后，放入水中，除去浮果和半浮果，最后留下沉果作为种菱。

种菱不耐干燥，必须在水中贮存，贮存期不能断水，最好贮存在清洁、流动的河水中。贮存的入水深度要根据当地气候条件确定，暖和的地方可以浅一些，寒冷的地方则要深一些，以防冻坏菱种，在长江中下游地区，一般入水1米左右。注意不能将种菱沉入河底，以免接触河泥而烂掉，一般应离河底15～20厘米以上。水中贮存的有两种方法：①水中吊贮。在柳条笋或篾篓底放荷叶，内放菱种，每篓75～100千克，加盖后用绳缚牢，吊挂在安装于活水河内的木架上，上不露出水面，下不着底，保持活水长流，不使菱种受冻。如系在死水坑，贮后半月应翻篓淘洗1～2次。②水中仓库。按3～7米见方或长方形建成竹（木）架，架底留脚30厘米，四周用竹条编篓，内装竹、木条为底层，底层垫上芦席，存放种菱，置于活水河中。每一"菱库"，可贮放5 000～10 000千克。在贮存期间要定期检查，注意水温和水位落差，防止种菱发热、发臭、受冻和鼠害。

（六）鱼菱间作

在江浙地区，常见同一水域中进行鱼、菱间作，既养了鱼，又采了菱，获得鱼、菱双丰收，效益明显。据他们的经验，鱼菱间作应注意以下事项：①尽量放养滤食性鱼类（如花鲢、白鲢、白鲫之类），少放草食性鱼类（如草鱼、鳊鱼之类）。为了考虑到养鱼除草的目的，可等秧苗长盛后（约6月份）再放养比较小的草食性鱼类，规格为10厘米左右。这样小规格的草食性鱼类,既不伤害菱秧,又能吃掉菱荡内的水草。同时,鱼类的粪便可作为菱的肥料。水草少了,鱼粪有了,对菱的生长发育很有利。这种生态式的鱼菱间作,是一条提高经济效益的捷径。②菱荡养鱼后(不论何种鱼),要为鱼留出一定空间,即菱叶不能布满全荡。否则,会闷死鱼。③种菱最好选用早熟品种,这样可早采菱,后期为鱼类生长提供生活空间。特别是一些枯枝、烂叶,也可作为草食性鱼类的饲料。在放养一定数量鱼类的情况下,不投人工饲料,仍能使鱼正常生长。

三、茭 白

(一)概 说

茭白,又名茭笋、茭瓜、菰、菰笋、菰手,古称蒋菜、雕胡。茭白原产我国,在我国分布范围很广,南自台湾,北至黑龙江都有其分布,但以浙江、江苏的太湖流域栽培为最多。

茭白是我国特有的一种水生蔬菜,栽培历史已有1000年以上。它的栽培较简单,可以在灌水便利的土地上栽培,也可利用浅水沟或低洼地栽培。茭白食用部分是肥大的肉质茎(也称茭肉),不仅洁白柔嫩,味美适口,且营养比较丰富(图4,图5)。

茭白一年有两个采收季节。第一次在5~6月份,这个时候茄果类、瓜类、豆类、蔬菜尚未大量上市;第二次在9~10月份,正是夏秋之交的缺菜季节。因此,茭白的上市对调节蔬菜的市场供应起很大的作用。茭白耐贮藏,经试验,冷藏3~4个月,质量基本不变,因此,在茭白大量上市季节,可贮藏一部分在蔬菜淡季时期上市供应。

茭白是禾本科多年生宿根性水生植物，植株高约 1.3～2 米。地上部分到冬季枯死，而在土中根际的地下匍匐茎，能安全越冬。第二年春，在地下茎的茎节上萌发出新芽，再抽生成新株。

茭白因受黑粉菌的寄生，分泌吲哚乙酸类刺激素，刺激其嫩茎而形成肥大的肉质茎，即为茭白的食用部分。

茭白品质柔嫩，味美适口，营养丰富，含

图4　茭白的外部形态

1. 植株一部　2. 叶舌　3. 雄花
4. 雄穗内部　5. 雌花穗　6. 雌蕊

有糖类 4％，蛋白质 1.5％，以及多种维生素和氨基酸，深受群众欢迎。茭白可切成丝、片、丁、块，凉拌、炒爆、烧烩、蒸炖，做成各色菜肴，风味多样，各具特色。有史料记载，茭白还与莼菜、松江鲈鱼齐名，被誉为"江南三大名菜"。

茭白还有药用价值，其根和种子都可入药，有清热除烦、生津止渴、调肠胃、利大小便、通乳催乳等功效。

（二）品　种

根据茭白孕茭期的不同，种一次可采收"二熟"，也有收

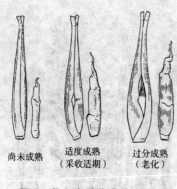

尚未成熟　　适度成熟　　过分成熟
　　　　　（采收适期）　（老化）

图5　茭白肉质茎成熟度外形

"三熟"的。第一年4月中下旬栽植，当年9月底到10月初开始采收，称为秋茭（也称新茭、米茭）。到第二年5月底至6月初又开始收获，称为夏茭（也称老茭、麦茭），这次采收后也可留至秋季再收第三次，但由于产量不如前两次高，一般都翻种水稻或其他作物。

1. 一熟茭类（单季茭）

春季栽种，当年秋天即可采收，以后每年9～10月份采收一次。采收时正值农历八月，故又称八月茭。其采收期集中，一般栽植一次后，再换田重栽。连栽数年的产量不如当年栽植的产量高。以下介绍茭白主要品种。

（1）八月茭　亦称"一点红"，是杭州地方品种。产品短肥，茭白露白的一侧常有红晕。成熟较迟，产量高，品质好。一般用分枝（匍匐茎上萌发的新株，当地称"枪吊"）繁殖，春季栽植，套种早稻，9月下旬至10月下旬采收，每千平方米产量1 500～2 000千克。

（2）安溪早茭白　是福建省普遍栽培的大宗优良品种。茭白笋皮白色，肉不易老，上市却比其他品种早（可在7月下旬到10月上市），是调节夏秋蔬菜淡季的优良品种。

（3）屯溪秋茭　是安徽省屯溪的地方品种，生长期140天，植株高大，生长势强，茭白粗，长圆形，有3节。外皮中上部淡黄色，下部乳白色，肉白色，质软柔嫩，品质优良。采收期为

9～10月份。

(4)晚白种　产于江苏省苏州,为晚熟品种。茭肉粗,成熟后叶鞘裂开处有一条红斑,所以又称"俏沙茭"。采收期为9月中旬到10月初。茭肉粗,品质佳。

(5)早白种　产于江苏省苏州,为早熟品种。采收期从9月上旬到9月下旬。上市较早,但品质略比晚白种差,易发青。

(6)寒头茭　江苏省常熟市的地方品种。植株较矮,适应性较强,在河、塘中也能栽培。采收期为9月上旬到10月下旬。

(7)象牙茭　浙江省杭州市的地方品种。植株较矮,生长强盛,茭白形大如棒状,色洁白,品质好。采收期为9月上旬到10月下旬。

(8)西安茭　产于陕西省西安市。分蘖强,长势旺,株高250～255厘米。叶片长165～170厘米,宽4.5～5.0厘米,叶鞘长约50厘米,薹管长10厘米,单茭重70克,带壳茭重90克,产品竹笋形,表皮光滑、洁白,肉质细嫩。

(9)青麻壳　产于湖南省湘潭市及长沙市浏阳河沿岸、湘江两岸。植株丛生,高2.1～2.5米,叶长1.55～1.75米,宽3.6～4.4厘米,绿色,叶鞘浅绿色,间有深绿色条纹和斑点。壳茭长棒形,长19～22厘米,横径3.3～4厘米。肉茎黄绿色,茭肉白色,单茭重100～150克,品质较好。早熟,采收期较短,成熟较一致。9月中旬到10中旬采收,每千平方米产1 100～1 500千克。

(10)丰城茭　江西省丰城地方品种。生长期180天,中熟品种。肉茎肥大、白色,表面稍带黄绿,肉质细嫩,品质好。

(11)大苗茭白　广州市地方品种。植株高大,叶长大且较直。耐热、耐肥,结茭位置高,产量高,品质优。定植至初收约

80 天。采收期较短,一般在 9～11 月份采收,每千平方米产 1 800 千克。

(12)软尾茭白　广州市地方品种。植株较矮,叶短细且略弯。耐肥、耐涝、较矮生,结茭位置低,品质中等。定植至初收约 80 天,采收期长,产量高,每千平方米可产 1 800～2 200 千克。

(13)伏茭白　贵州省贵阳市地方品种。植株高大,肉质茎长,近圆锥形,茎皮绿白色,肉白色。抗逆性强,品质细嫩,较早熟,产量高。一般于 6 月下旬开始采收。

(14)秋茭白　贵州省贵阳市地方品种。植株高而直立,长势强,分蘖多,肉质茎长呈圆筒形,肉白色,老熟时多为灰心茭。抗逆性强,成熟稍晚,7 月下旬开始采收。

(15)宜兴稻茭　产于江苏省宜兴市郊,与寒头茭相似,但采收期比较集中,一般在白露到寒露间采收。每千平方米可产壳茭 1 500～2 000 千克。

单季茭的品种较多,各地都有,如四川的鱼尾笋、罗汉笋,云南的大白茭,山东的大青苗,安徽的火烧茭、白种茭、寒茭,湖南的青麻壳、红麻壳,广东的硬尾茭笋等等。

2. 两熟茭类(双季茭)

一般在春季或夏秋季栽植,栽植后可连收二季,称两熟。第一熟在当年秋分至霜降期间采收,称为秋茭,其采收期较一熟茭迟,故又称九月茭、稻茭、新茭。第一熟产量较低,故为小熟。第二熟在第二年小满至夏至期间,称为夏茭,农历为四五月份,故又称四月茭、五月茭,亦称老茭、麦茭。浙江省杭州称蚕茭(因此期正是蚕桑收获季节)。第二熟产量较高,又称大熟。两熟茭对水、肥条件要求高,其优良品种有:

(1)梭子茭　产于浙江省杭州,形状较短而粗,似梭子,故名。采收时间较迟,产量高。

(2)小蜡台　产于江苏省苏州,为优良的早熟品种。形态特殊,整个荸肉短而圆,基部节间粗短,第二节向四周突出呈盘状,先端两节短缩,并呈螺旋状,俗称"螺丝结顶",像残蜡芯及其熔化的蜡油,故得此名。夏荸在立夏前少量上市,立夏后大量上市,采收期为 20～24 天,每千平方米产壳荸 3 750～4 500 千克。秋荸在寒露后上市,每千平方米可产壳荸 700 千克左右。品质好,荸肉色白而细嫩,不易变青,为近年来的主要栽植品种之一。

(3)中蜡台　产于江苏省苏州,为优良的中熟品种。其形态基本同小蜡台,唯荸白较粗略长,先端较圆钝。夏荸上市较小蜡台迟 4～7 天,采收期 28 天左右。秋荸上市较小蜡台迟 10～12 天。产量较高,夏荸每千平方米产壳荸 3 000 千克左右。秋荸 2 000 千克左右。品质佳。

(4)大蜡台　产于江苏省苏州,为优良的中晚熟品种,形态与中蜡台基本相似,唯荸肉较长而细,椭圆形,先端两节较长,成螺旋形。夏荸上市较中蜡台迟 10～15 天,采收期为 25 天左右。产量略高于中蜡台,品质佳。

(5)红花壳荸　产于江苏省无锡,为夏荸晚熟品种。植株高大,结荸粗壮,单荸重达 150 克以上,品质好,产量高。荸壳青绿色,筋脉现红色斑纹,因此得名。夏荸 6 月初采收,秋荸 9 月下旬开始采收。

(6)中介壳　产于江苏省无锡,此品种是从红花壳荸中经过多年选育而成。它的采收期在红花壳荸(晚熟品种)和稗草荸(早熟品种)之间,故称为中介荸。目前无锡地区的中介荸的主要栽植品种有两个:①广益荸。以无锡市郊广益乡黄泥头村、勤丰村等所栽植品种为代表。植株较矮,荸叶浓绿,株形较紧凑,密蘖型分蘖能力强,所以一般秋茭产量较高,每千平方米产茭肉1870千克左右。地下茎的长势较弱,故分株较少,因而一般夏茭产量较低,每千平方米产茭肉1500千克左右。但无论秋茭还是夏茭,茭肉都较短,重量较轻。秋茭长25厘米左右,单茭重75克;夏茭长20厘米左右,单茭重60克。夏茭成熟期较早,采收期在5月下旬至7月中旬,每千平方米产茭1500千克左右,秋茭收获期在9月中旬至10月中旬,每千平方米产量为2000千克左右。②刘潭茭。以无锡市郊黄巷乡刘潭、庄前二村栽植的中介茭为代表。植株高大,株形较松散,密蘖型分蘖能力中等,所以一般产量较低,每千平方米产茭肉1000千克左右。地下茎的长势较强,分株多,因此夏茭产量较高,每千平方米产茭肉2000千克。茭肉长而重,秋茭长30厘米左右,单茭重80克以上;夏茭长26厘米左右,单茭重70克左右。这类品种淡绿色,叶鞘黄绿。秋茭的采收期为9月中旬至10月初,每千平方米产2000千克左右;夏茭采收期为5月下旬至6月底,每千平方米产1500千克左右。

(7)稗草茭 产于江苏省无锡,为夏茭早熟品种。植株高大,其形状像稗草,故名。茭肉第二节周长5～7厘米,长度13～18厘米,肉色稍带青绿,品质差,产量低。夏茭在5月前采收,采收期约1个月。秋茭在9月中旬到9月底采收,前后约20多天。

(8)黄霉茭 产于江苏省常熟市,为晚熟品种。秋茭于10月上旬开始采收,夏茭于6月下旬开始采收。茭肉较粗硬,但产量较高。

(9)纤子茭 产于浙江省杭州市,较晚熟品种。茭肉短而粗,形如纤子,故名。品质好,产量高。

(10)大头青 产于江苏省无锡,为极早熟品种。茭肉短,圆形,先端呈宝塔顶螺旋状卷曲,因其肉基部特大,叶鞘末开裂时部分茭肉就呈青色,故名"大头青"。立夏前 3～5 天即可以采收,采收期约 20 天,为夏茭上市的最早品种。秋茭在寒露后开始采收,采收期较长,但产量低。茭肉纤维多,品质差,但因薹管高,较耐涝。夏茭每千平方米产壳茭 2 000～2 500 千克,秋茭每千平方米产 1 000～1 300 千克。

(11)两头早　产于江苏省无锡,为早熟品种。茭肉细,长度中等,带扁形,先端长略弯曲。夏茭较早熟,到立夏开始采收,采收期为 15～20 天。秋茭为二熟茭中采收最早的品种,在寒露前即可采收,故名"两头早"。产量较低。夏茭每千平方米产壳茭 2 300～3 000 千克,秋茭 1 200 千克左右。品种较大头青略佳,茭肉略带黄绿色,皮粗糙,为近年来的主要栽植品种之一。

(12)中秋茭　产于江苏省苏州,为中晚熟品种。壳茭浅青色,茭肉细长,带扁形,第一、第二节特长,成线条形,先端细长略弯曲。夏茭小满时可采收,成熟较一致,采收期为 20 天左右;秋茭在寒露时采收。产量高,夏茭每千平方米产壳茭 3 750～4 125 千克,秋茭每千平方米产壳茭 2 000 千克,为高产品种。肉质疏松、粗糙,品质较差。

(13)吴江茭　产于江苏省吴江,为晚熟品种。形如大蜡台,但中段较长,节位突出不明显,先端弯曲,而不呈螺旋状。夏茭在芒种前开始采收,采收期长(25 天以上)。产量较高,夏茭每千平方米产壳茭 3 400 千克左右,秋茭每千平方米产 2 200 千克左右。品质良好,仅次于大蜡台。

(14)绵条种　浙江省杭州市地方品种。植株较矮,高 1 米左右,有小种、大种之分。小种肉茭每千克 12～16 个,早熟,5月上旬开始采收。大种每千克 8～10 个,5 月下旬至 6 月上旬采收。

（15）**紫壳大种**　浙江省杭州市地方品种。植株高达2米左右，茭壳一侧带紫色，肉茭形状似"白壳半大种"，茭肉肥大，单茭重达250克。

（16）**青练茭**　主要产于上海市青浦县，为夏秋茭兼用的中熟品种。长势中等，孕茭期集中，茭肉白嫩，品质好。秋茭上市期在8月下旬至9月下旬；夏茭上市期为5月下旬至7月上旬。每千平方米的壳茭产量：秋茭为2000～3000千克，夏茭为3000～3800千克。

（17）**广80-2**　这是江苏省无锡市蔬菜研究所从广益茭中单蘖系选而成。特点是集广益茭和刘潭茭二者之长，采收期短而集中，植株紧凑、分蘖力强，长势较弱，株高秋茭180～185厘米，夏茭160～165厘米。叶长150～155厘米，宽3.5厘米，叶鞘长50厘米，叶色深绿。夏茭长22厘米，单茭重70克，采收期5月中下旬至6月上旬，每千平方米产2000～2200千克。秋茭长23厘米，单茭重80克，采收期9月下旬至10月中旬，产量1800～2000千克。

　　茭白的品种改良，80年代有较大的进展。如江苏省丹阳县企业局等单位，通过多年系选，选出了适合于长江中下游地区栽培的单茭新品种——蒋墅茭，可在8～9月份蔬菜淡季上市。江苏农学院和无锡市蔬菜研究所合作选出较耐低温和贫瘠、夏茭早熟、秋茭迟熟的双季茭新品种——"79-1"，使两熟茭生长界线由长江推向淮河流域。同时还选出秋茭早熟、夏茭中熟的"80-2"和双季中熟高产品种"83-1"。浙江农业大学选出秋茭晚熟的优质高产品种——浙茭2号和浙茭5号。湖北省武汉市蔬菜研究所选出"86-1"和"86-2"等新品种，都适于长江中下游地区栽培。

(三)栽培技术

栽植茭白,必须认真细致地抓好各个环节,这样才能使茭白生长良好,提高品质和产量。

栽植茭白与一般水生蔬菜的栽植有所不同,不同的茭白品种栽培方法也有区别,如前述有一熟茭和二熟茭之别。因此,在栽培方法上,又有秋茭栽培和夏茭栽培之分。

1. 秋茭的栽培

(1)选留种 选种的时间一般为9月中旬,在秋茭采收的同时进行,因为这时对植株性状、结茭的优劣等都容易分辨,从而择优录用。其选留种的标准是:①主茎和分蘖薹管短而整齐,10月中旬前能把全墩茭白采收完毕,株高中等(200厘米左右)。②丰产性能好,单墩结茭8株以上,单株重平均为100克以上。③茭肉品质好,白嫩肥大。④整墩及其周围无灰茭、堆茭。按这4条标准选好后,将茭墩做上标记,到冬至前后进行寄秧。

(2)寄秧 寄秧是近年来茭白栽培发展起来的新技术,即把秋季选中的茭种(墩),在茭秧田中寄植一段时间,再进行移栽到大田中。这样,既可少占大田的时间,又有利于轮作,促进茭白的早熟,保持其优良性能,减少夏茭的损失,提高翌年秋茭品质的纯度。其具体做法是:①一般在12月中旬到翌年的1月中旬进行寄秧。因为这时种墩处于休眠期,挖取种墩不易造成损伤;同时,优劣品种也易于识别。②寄秧田的选择要靠近第二年秋茭田附近,以减少因运输而造成的损伤。同时,水源要充足,便于排灌。寄秧田必须整平,并应施入基肥,但基肥不宜施放过多,以防秧苗徒长。③移植种墩时,不要碰伤茭白,并切去地面上一节以上、地下二节以下的薹管,只留中部一段即可。④寄秧的行距为 50 厘米×15 厘米,每 5～6 行留一条宽约 80 厘米的操作道,以便日后进行追肥、治土等田间操作。⑤栽植深度以齐墩泥为宜。整个冬、春季,田中应保持有 1 厘米的水位。到 2 月份种墩开始萌芽时,水位要加深到 2 厘米。这样既有利于提高水温、土温,而且有利于芽的生长发育。移栽前 5～6 天,把种墩抽出的、长势特别好的芽除掉,防止堆茭发生。寄秧的时间,一般始于从冬至至小寒,结束于谷雨前后,约 4 个月的时间。

(3)选田与整田　栽植茭白的田必须阳光充足,空气流畅,四周无高大建筑物和树林遮荫的空旷地。土壤要求为富含有机质的肥沃粘壤土。在冬季进行一次翻耕,深约 20 厘米左右,充分晾晒,使土质疏松,到 2～3 月份再把土块耙平捣碎,3 月中旬开始筑田埂,把生土垒成田埂,用木棒打实打紧,底宽为 60～80 厘米,顶宽约 40 厘米,高约 50 厘米。筑好田埂后,即可施基肥和上水。

(4)施基肥　田整好后,一般每千平方米可施 5 000～6 000 千克厩肥或河泥 13 000 千克作基肥。

(5)分墩　江南地区适宜的栽植时间为 4 月 15 日至 20 日,最晚不能拖延到 4 月底。栽植时,先把寄秧田的种墩进行"分墩"。分墩是一项技术活,分的好坏,直接影响植株的返青、分蘖和生长。具体做法是:用快刀顺着种墩的分蘖着生趋势分为数墩,要求每个小墩略带老茎,并且劈口要直,不能歪斜,这样可不伤新苗。每小墩至少要有 5～6 根苗,如果根苗过多,容易产生带娘茭,若是太少,则不易成活,且会影响秋茭的总苗数。

分墩后,如果新叶超过 50 厘米,可把超过部分的新叶割掉,既可减少蒸发,又可避免移栽后风吹苗动,利于活棵返青。

单个老短缩茎栽植(即每小墩只带一个老短缩茎),可以提高种子纯度,种子田应该用这种方法。

(6)茬田安排　茭白不宜连作,因连作不仅容易发生病虫害,而且由于茭白耐肥,连作则消耗地力过多,以致影响生长,使产量和品质都有所下降。为此,在安排茭白的茬口时,就要考虑到轮作。

20世纪60年代前,无锡茭白是与稻、麦轮作的,每隔3～5年轮作1次;70年代有一部分田采取夏茭——→大白菜——→春大豆——→冬麦——→秋茭轮换,每隔1～2年轮作1次。近年来,两熟茭的茬口安排常用的形式如下。

早藕——→秋茭——→夏茭——→双季前作稻——→晚茭、荸荠(即两年五熟制)

秋茭——→夏茭——→双季前作稻——→秋茭——→夏茭(亦两年五熟制)。

(7)栽植时间　就上海地区而言,春栽时间一般在4月上中旬,但也有把栽植时间提前到2月初或3月初的。早栽的目的是争取当年就可采收一熟"麦茭",加上秋季再收一熟"米茭"。当年就可采收两熟茭,产量一般可比迟栽的提高30%～50%,不过它的施肥量和田间管理都比当年只收一熟的"米茭"要求高。

苏州早熟的两熟茭品种秧龄较长,栽植较迟,为了争取时间,必须在前作收完后抓紧定植。如果定植过迟,则大田结茭虽早,但产量低,群众称此为"气杀(死)茭"。约8月上旬,一般藕塘茭的早熟花藕已挖完,茭白苗高1.7米,有6片叶时,即可陆续定植。如前作为"晚熟藕",则定植要推迟10天左右。

(8)栽植方法　因各地区气候条件不同,栽植方法略有不同。如江苏省无锡南北行向株行距为0.5～1米,每千平方米

1 700墩,东西行向株行距为0.67～0.73米,每千平方米2 040穴;或株行距为0.65～0.7米,每千平方米1 900穴。而苏州市郊多采用宽窄行小株密植法,早、晚熟品种株行距略有差异。一般行距为0.4～0.5米(俗称雌行),株距0.27～0.33米,每两行一组,每组相隔0.53～0.6米(俗称雄行),每千平方米栽6 000穴左右,每穴平均有2个小墩,这样既达到密植的目的,又便于田间操作和茭白的通风透光,这是苏州茭白栽培技术的特点之一。

不论何种栽植方法,其小墩的栽植深度要适当,过深则分蘖不旺,太浅则着土不牢,易被风吹浮动。一般把10厘米左右的老根全部埋入土中,如老根过长可切去一部分。

(9)田间管理　此项工作须根据秋茭生长发育的特点进行,从移栽到采茭,可分为三个时期。

分蘖期:从5月底到6月底,此期要争取茭白早发蘖,多分蘖。生长指标是:6月10日前,单株茎蘖数约10株左右,6月底前为20～24株,但一般不超过25株;茎蘖整齐,粗壮,无病虫危害。

生长期:从7月初到8月中旬,此期正值高温季节,病虫害多,必须采取措施,使茭白植株既不旺长,又不过分落黄,每墩有20～25株,茎蘖健壮生长,度过盛夏。

孕茭期:从8月中旬起,天气转凉。茭白开始孕茭,需要大量养分,既要保证有大量的肥料供其生长,又要使它顺利地由扩大型生长转入积累型生长。

围绕这三个主要生长时期,秋茭的管理措施是:

①调节水位　水位的高低应根据茭白的不同生长期进行调节,主要应掌握浅水栽植、深水活棵、浅水分蘖的原则,中后期逐渐加深水位,采收时深浅结合,湿润越冬。栽植时水位保

持在 2～3 厘米,栽好后在 4～5 天内保持 5～6 厘米的水位,以利成活。活棵返青后,为了及时抽出新叶和分蘖,将水位下降到 2～3 厘米,以利于提高水温和土温,促进分蘖和生长,也利于吸收养分。

当每墩分蘖达到 20～25 株时,应加深水位到 10 厘米左右。如果分蘖过多,反而会造成田间小气候恶化,通风透气不良,病害增加,植株过密,生长衰弱,结出的茭白细小等不良后果,既影响产量,又影响质量。

7～8 月份气温较高,常在 35℃ 以上,不利于茭白的生长。为了降低田间温度,应加深水位到 10～15 厘米。

8 月下旬,茭白开始进入孕茭期,随着肉茭的出现,为了保证长得白嫩,质量好,要逐渐加深水位到 20 厘米左右,但不能超过叶枕(俗称茭白眼)。每次采茭后,要降低水位,以后再逐渐加深水位,这样才能防止因根部缺氧而死亡。

②中耕除草 中耕就是在茭白株行距间用铁齿耙疏松泥土。这样,既能提高土温,加快肥料的分解,又能除去杂草,耙断部分茭白的老根,促进新根的产生。

一年一般要中耕 2～3 次,第一次在栽植后 4～5 天,待植株刚返青时进行,俗称"拉茭埂"。第二次中耕在第一次中耕后 7～8 天进行,顺着行向耙土。第三次中耕在第二次中耕后 7～8 天进行,这时不仅要把行间的泥土耙细,而且要耙平、耙深。每次中耕,必须及时除掉杂草,把它踩入泥中,作为肥料。

③拉黄叶 在秋茭的每墩茎蘖达 10 个以上时,应在茭墩中间压一块泥,使分蘖向茭墩四周发展,这样可使植株分布均匀,有利于通风透光。同时,除去过密的小分蘖,把每墩棵数控制在 20～25 株之间。

到 7 月底至 8 月初,要拉黄叶 1～2 次,主要是清除植株上的死叶、枯叶,剥去黄叶,以利田间通风透光,增强植株光合作用,减少病虫害的发生。

④除雄茭、灰茭 雄茭的长势都强于正常茭白,不但地上部分的植株高大,而且地下茎也相当发达。这种"雄茭",黑粉菌不能侵入茭白的生长点,因此不能正常孕茭,而且会影响邻近植株的生长,特别是它的地下茎,能伸入正常茭白的墩头,翌年易被带到秋茭田中。如在7月份以前除去雄茭,它所占的空间,可用一些分蘖较多的正常茭墩的苗分出一部分补上,10月份以后仍可结茭。结茭只有1～2株的墩头,往往是向雄茭方面变化的植株,也应当除掉,以保证夏茭的产量。

也有的植株,黑粉菌不是以菌丝体的状态存在,而是以厚垣孢子存在,这样形成的茭肉中有一个个的小黑点,称为灰心茭。有的植株整个被厚垣孢子充满,成为灰茭,不堪食用。灰茭一般在夏茭中少见,多在秋茭中出现。这是因为温度降低到20℃以下时,适于黑粉菌旺盛繁殖而形成灰茭。

此外,秋茭中还有"带娘茭"、"怪茭"。这是由于黑粉菌的菌丝体活动的适宜温度为20～25℃,只要茭白花茎中积累有一定养分,黑粉菌就会分泌吲哚乙酸,刺激花茎畸形膨大,形成茭白。如果移栽秋茭时,带下去的基本苗较多,生长快,它们在5月底至6月初已积累了大量养分,就会像夏茭一样在6～7月份也会结少量茭白,俗称带娘茭。采收带娘茭费工多,而且一不小心就会损伤正常分蘖。所以茭农认为采收带娘茭得不偿失,因此在栽植时应适当减少基本苗,以减少带娘茭的产生。

到7～8月份,秋茭的大分蘖积累了较多的养分,如遇多雨天气,气温在25℃时,这些大分蘖也会孕茭。但是由于此时气候不稳定,茭白形状不正,大小不一,品质较差,茭农称之为怪茭。在 7～8 月份适当施些氮肥,可减少怪茭的产生。

(10)追肥　秋茭的植株高大,根系发达,需肥量大,这时必须及时追肥,才能满足其生长需要。根据秋茭的生长特点,追肥应采取重——轻——重的方法,即分蘖肥要重,中期看植株长势、长相巧施肥,孕茭期重施孕茭肥。分蘖肥可分两次施,第一次可结合第一次中耕,每千平方米施人粪尿 3 500～4 000 千克;第二次结合第二次中耕,每千平方米施碳铵 90～112 千克。施后中耕,使肥料在土中均匀分布,可提高肥料的利用率。

6～7 月份生长阶段,要保证植株既不要生长过旺,也不能过分落黄。生长过旺,提早封行,田间通风条件差,易发病,形成早衰;过分落黄,植株形成光合产物少,结的茭白小。落黄时,田中应多施肥;生长过旺,则要少施肥。

孕茭期的施肥时间、数量,关系到结茭的早晚和茭白的大小。在全田有 20% 以上的墩头开始"扁秆",秋茭叶龄在 19～20 叶之间,倒 4 叶颜色退淡,倒 5 叶和 6 叶的叶鞘与抱茎叶分开时,施肥最宜。同时还要注意天气变化,一般在温度低于26℃,并有逐渐下降趋势时施,每千平方米施人粪尿 5 000～6 000 千克,或碳铵 75 千克左右。这次肥如施得过早,植株尚未孕茭,就会引起徒长,推迟结茭期。但是,如果施迟了,孕茭时不能及时得到养分,结的茭白就小。在采茭过程中,如果植株落黄过快,还可适当补施一些肥料。

2. 夏茭的栽培

夏茭是第一年秋茭的老墩和地下茎越冬后,于翌年春季重新萌芽而形成的。在 6～7 月份采收的茭白,由于夏茭不需要种苗,不经过移植,生长期又短,所以它比秋茭的成本低,简便。同时,秋茭生长时,夏茭有了根系和地下茎,虽然它的生长期较秋茭短,但只要管理得好,其产量不会低于秋茭,有的甚至高于秋茭。

夏茭的特点是：前期萌芽较集中，而不像秋茭分蘖期那样长达一个多月。夏茭中期长粗是整体同时进行，单株的叶龄只有 13 叶，因此群体大而个体发育差，必须通过人工措施加以调节。同时，孕茭期的温度逐渐升高，若管理不当，会推迟孕茭（一般在高温季节不会结茭），所以在管理上要强调一个"早"字。在具体做法上，应抓好五件事：

（1）挖种茭和割残株　秋茭采收完后，田中的残株、老叶等，要在 12 月前全部清除干净，同时挖出茭种进行寄秧。割残枝要齐泥，不能留得过高，因上部薹管的芽是弱势芽，形成的茭白质量差，而割齐后新抽出来的芽位低，又整齐，有利于后期的水位管理。在割茭墩，如发现有雄茭和灰茭，应及时除去。挖茭墩要注意使留下的墩头有 4～6 个薹管。留下茭墩的多少，根据品种产生分株的多少和施肥条件而定。一般来说，分株多的品种，肥力水平高的田少留；相反，则多留。

（2）分苗补缺和增墩　由于夏茭生长期较秋茭少 70 多天，全生的叶片（基本苗）数比秋茭少 11.5 片左右，植株短小（仅 30 厘米左右），植株开展度小 10 厘米，所以夏茭的密度要比秋茭大。实践证明，增大夏茭密度，是提高产量的一项措施。夏茭的产量与茭墩间的植株结茭数有密切关系，茭墩的株数是有限度的，一般茭墩苗数在 23 株以下时，其产量与苗数成正比例，而超过 23 株则呈负相关，所以要把茭墩内去杂、去劣造成的缺苗部分补齐，还要对分株少的田进行分苗增墩。夏茭虽能分株，但因品种、肥力等原因，其分株多少不均匀。因此要根据实际情况，对缺少者进行分苗增墩。其方法是，在原来的老茭墩行间隔一行增加一行。不论补墩还是增墩，都要在 2 月中旬前进行，过迟了以后会出现生长不一，为了使其生长一致,对补进的茭墩施 1 次肥。分出的茭墩要带有 6~8 个芽。如果有条件,补苗也可在当年年底进行。实践证明,当年 10~11 月份补的苗,其效果要比翌年 2 月份补的苗好。

(3)调节水位　秋茭采收结束后,茭田要保持 1~2 厘米水位或处于湿润状态,切忌灌深水或干旱。10~11 月份气温在 10℃ 以上时,茭白的地下茎仍在生长,这时如果水位深了,不但不利于提高土温、水温,而且会使茭墩地下茎缺氧而闷死,特别是结茭早、结茭率高的茭墩则更为明显。越冬期间要保持 1~2 厘米水位为宜。当气温在 5℃ 以上时,茭白开始萌芽,为了提高水温促进萌芽,2~3 月份的水位应保持在 2~3 厘米,以后随着植株的增高,逐渐加深水位。孕茭期和采茭期的水位调节和秋茭相同。

(4)追肥　夏茭追肥宜早不宜迟。在 1 月下旬,每千平方米施人粪尿 6 000 千克,2 月份每千平方米施碳铵 90 千克,5 月中旬可根据植株长势,施 1 次孕茭肥。一般每千平方米可施碳铵 40~50 千克。这次施肥不能施得太迟、太多,不然会推迟结茭期。

(5)间苗　在一般情况下,夏茭墩的苗数往往过多,有时每墩多达 100 株,这时应进行间苗,保持每墩 25 株即可。如条件许可,间苗可分 2 次进行,第一次在 3 月底至 4 月初,使苗间距离保持在 2~3 厘米;过 10 天再间一次苗,使苗间距离保持在 6 厘米左右。如果进行一次性间苗,则在 4 月上旬进行。

(四)采收与贮存

茭白采收是否及时,不但影响其产量,而且也影响其质量;同时,采收方法是否正确,也会影响其产量和质量。

一般采收的时间,在孕茭部分明显膨大,叶鞘一侧因肉质茎的膨大而被挤开,茭肉略露出 1.5～2 厘米为好。如果采收过迟,茭肉发青、质地粗糙、食味变差;采收过早,会降低产量。一般在第一次采收后,每隔 5～7 天就可再采收一次。

夏茭采收时,正值高温季节,茭肉表皮容易发青变老。所以采收的间隔天数要比秋茭少,一般每隔 4～5 天就应采收一次。

采收时不要损伤其他的植株。这是因为其本苗和早生分蘖的植株采收时,迟生的分蘖植株尚在孕茭。如果迟生的分蘖植株受到损伤,今后结的茭白就小。因此,茭农有"秋茭要折,夏茭要拔"的经验。

在秋茭的采收后期,如果整个茭墩都已结茭,在该墩上应留一、二枝小茭白不采,作为通气之用,待晚生分蘖生长出来后再采收。否则,因当时气温还在 10℃ 以上,植株根部呼吸作用仍很强,而田里有水,没有通气的地方,地下茎和老墩就会因缺氧而被闷死。

采收带娘茭,要在高出水面 2 厘米左右处用快刀割下,避免损伤其他植株。

采收怪茭时,要一手按住根部,一手把茭白向垂直方向扭拧,不要影响其他植株的生长。

采收后,只剥去外部叶鞘,留下 30 厘米左右的内部叶鞘(俗称茭壳),亦称水壳、毛茭、壳茭。这样可以保持茭肉 5～7 天不变质,有利于短期贮存和运销外地。在当地销售的,可将绿色的叶鞘全部剥去,只留下 1～2 张黄色的叶鞘,全露茭肉,称为玉子,俗称光茭、玉茭,可保持肉质鲜嫩而不变色。

为了调剂淡旺季蔬菜品种余缺和延长市场上茭白的供应时间,需要贮藏部分茭白,贮藏方法有以下 3 种:①把采收的毛茭,只保留 2～3 张黄色的叶鞘放在阴凉处,约可贮存 5 天。

②把毛茭放入冷库贮藏,可贮存 4 个月,质量基本不变。但冷藏的"毛茭"不要扎捆,而要放在箩筐内,这样可以均匀地受温,不致变质。③把茭肉剥出后,每 20～30 支扎成一捆,浸入 1%～2%的明矾水中,可贮存 5～7 天。

（五）选　　种

选留良种,对提高茭白的早熟、高产极为重要。由于茭白采用无性繁殖——分株繁殖受到黑粉菌的制约,即使管理工作做得较好,也不可能绝对防止雄茭、灰茭的发生和品种的退化。因此,种植茭白要十分重视选种工作,必须做到年年选,季季选,经常选,过细选。

两熟茭的选种工作可分为秋选和夏选两种。

秋选,在新茭开始采收时,就要开始选留良种。在采收过程中,对符合选种标准的茭墩做好标记。如发现雄茭和灰茭的茭墩,最好立即将其除去,但为了使茭墩中的正常植株继续结茭白,一般可用铁锹把茭墩四周的地下茎铲断,以防止蔓延。同时,在雄茭和灰茭的茭墩上做好特殊标记,当新茭采收结束后,再把茭墩挖掉。对于留种的茭墩,在新茭采收结束后,作一次仔细的检查,然后留作翌年新茭繁殖之用。

夏选,是在老茭田中把优良的单株茭白选出,进行夏栽或秋栽,当年秋季孕茭时,再进行检查,并继续淘汰劣株,到明年再分墩繁殖。

选种时,除选择具有本品种特征特性的茭墩和种株外,还应掌握以下四点:①茭墩中没有一株雄茭和灰茭。②生长势不过旺,植株较矮,抱茎各叶的高度相差不大,但最后 1～2 片心叶显得缩短,各叶"茭白眼"要集中紧束在一起。③茭墩中多数株形整齐,孕茭率高,茭形肥大,并且成熟一致。以便于及时采收,提高土地利用率。④茭肉膨大时,假茎的一面露白茭肉表面不过于光滑或皱缩,肉色洁白,薹管短。

根据茭农的经验,在环境条件变化剧烈时,常易引起植株向雄茭和灰茭方面转化,如土壤时干时涝,施肥过多,植株生长过旺等,就会增加雄茭的发生率;植株灌水过深,超过茭白眼,栽植时劈伤分蘖等,都会增加灰茭的发生率。为此,在选留良种的基础上,仍然要重视采取各项栽培措施。

(六)食用价值及其他

茭白的食用部分是其肥大的肉质茎,俗称"茭肉"。茭肉洁白柔软,纤维极少,适宜切片、切丝,烹制各种荤素菜肴。

茭白的营养价值很高,其食用部分每 100 克,含蛋白质1.5 克,脂肪 0.1 克,碳水化合物 4 克,粗纤维 1.1 克,还有无机盐和维生素等。茭白在未老熟之前,有机氮是以氨基酸状态存在,故味道鲜美,是营养价值较高的水生蔬菜。

茭白不仅供食用,还可入药,有利尿、解酒毒、降血压等功效。

茭白的叶子、叶鞘等也能加以利用。如茭叶可以用作编织蒲包的原料,发展家庭副业。一公顷茭白的叶子晒干后约有1 500 千克,可编织大蒲包 3 750～4 500 只。

新鲜的茭白叶还是牛的良好饲料。茭叶晒干粉碎后,还可作为猪的饲料。据辽宁省盘山农科所试验,茭叶作饲料,可促进猪早日发情。

从茭白叶鞘中不仅可以提取食用淀粉,而且在提取食用淀粉后,还可提取制造人造棉的纤维或造纸的纸浆。

四、荸荠

（一）概　说

荸荠，上海称"地栗"，广东称"马蹄"，因它形似栗子，又像马蹄，故名。称为马蹄，仅指外形，说它像栗子，不仅是形状，连性味、成分、功用都与栗子相似，因在泥中结果，所以有"地栗"之称（图6，图7）。

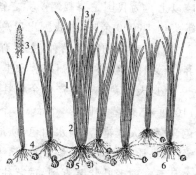

图6　荸荠植株全形
1. 绿色叶状茎　2. 退化叶　3. 花穗
4. 地下匍匐茎　5. 球茎　6. 根

荸荠是我国特产果品。在长江中下游及南方各省都有栽培，但以江、浙两省最多。目前全国栽培面积约为3万公顷左右，年产量约50～60万吨。

图7　荸荠

荸荠营养丰富，一般含蛋白质1.5%，糖4%，脂肪0.1%，以及维生素C和无机盐等，是良好的果蔬，生食、熟食或作菜吃均可。风干荸荠味更甜美，别有风味。在医学上，全植株晒干制成"通天草"，能除湿热。鲜荸荠带皮煮水,可作小儿麻疹的清凉解毒剂。同时,它耐贮存和运输,在果蔬供应的淡季能调节市场供应。亦可加工成罐头。

(二)品　种

荸荠的品种很多,现择其主要品种介绍如下。

1. 浙江荸荠

浙江荸荠栽培历史悠久,面积广,产量多(目前年产 5 万吨以上),为我国主要栽培荸荠之省份。每年出口的清水马蹄罐头达 16 000 余吨,占我国出口总量的 80%。

浙江栽培的荸荠品种,主要有大红袍、店头三王、虹桥荸荠、绍兴种、兰溪种、嵊州荸荠和玉环荸荠等。

(1)**大红袍**　主要产于余杭县沾桥、崇贤一带。株高 90～110 厘米,球茎扁圆形,个大,单个重 16.3 克。果皮薄,果红色,故称"大红袍"。肉水白色,质地细嫩,味甜汁多,生食爽脆无渣,品质优良,加工、鲜食均可。生产上有黑签种和黄签种 2 个品系。前者叶状茎直硬,球茎往下生长,产量中等。后者叶状茎较软,生长旺盛,抗逆性强,球茎个头大,品质好,产量比前者高 2～3 成。

(2)**店头三王荸荠**　主要产于黄岩店头一带,生长期约 160 天,株高 75～85 厘米,单个重 14.75 克。果皮薄,淡鲜红色,光泽鲜明,肉水白色、细嫩无渣,味甜爽口。

(3)**虹桥荸荠**　主要产于乐清县一带。株高 105～110 厘米,单个重 16.82～17 克。果皮较厚,褐红色,光泽鲜明,肉白色,质地较粗,味甜汁多。

浙江荸荠一般于 7 月上旬育苗,7 月下旬至 8 月中旬栽植。每千平方米栽植 3 800 株左右,12 月上旬到翌年 2 月上旬采收,每千平方米产量为 1 800～3 000 千克。

2. 桂林马蹄

荸荠在广西各地均有栽培,但以桂林马蹄最为优质、高产,闻名国内外,主要产于桂林市郊马家渡、东山、窑头、拓木等地。常年栽培面积在1000公顷左右,年产量2～2.5万吨。1986年出口鲜品和罐头各1000吨。

桂林马蹄的特点是:单个重(重15克),黄土栽培者,表皮暗棕红色,肉质细嫩,少渣,清甜可口,耐贮运。黑土栽培者,表皮黑褐色,肉质较硬,不化渣。桂林马蹄的生长期约100天,每千平方米产量一般为1800～2200千克,高产可达3800千克。

3. 苏荠(苏州荸荠)

苏荠是江苏省苏州市的一个优良地方品种,较晚熟。株高80～100厘米,地上茎绿色,分枝较多,但个重不大。球茎扁圆形,脐部凹陷较深,皮色红黑,具四道环节。皮较厚,肉白色,脆嫩,味甜多汁,耐贮运。

4. 孝荠

孝荠是湖北省孝感的地方品种,栽培历史悠久,常年产量为5000余吨,栽培面积600公顷以上,主要产于孝感市郊的杨店、龙店、卧龙、明兴等地。中熟品种。株高90～110厘米,单个重21克,大的达26克。皮薄,味甜,质细渣少,色泽红亮,脐部凹陷不明显。每千平方米产量为1500～2200千克。

5. 87-1荸荠

是江苏省苏州市蔬菜研究所从全国著名的荸荠产区引进的10个品种,以"苏荠"为对照,经多年筛选育成。株高95～110厘米,单个重15克以上,皮色深红,光泽好,脐部凹陷较平,肉质细嫩,脆甜少渣。产量较高,每千平方米产量为3000千克左右,比苏荠高38%左右,比大红袍高23%左右。适合于长江中下游地区栽植。

6. 祥谦尾梨

祥谦尾梨是福建省闽侯县的特产,闽侯县是尾梨的外贸基地之一,每年栽培面积 300 公顷。该品种产量高,一般每千平方米产量为 3 000～3 800 千克,最高达 4 500 千克。单个重一般在 25 克以上,最大可达 42 克。皮色全红,有光泽,皮薄,无渣,肉洁白,脆嫩多汁,甜爽可口,品质优良。

7. 会昌荸荠

会昌荸荠又称"贡荠"。据说古时曾作为进贡皇帝的珍品,故名。该品种是江西省会昌县筠门岭乡的农家品种,单个重 20～25 克,水分多,渣少,微甜,每千平方米产量为 1 100～1 500 千克。

8. 水马蹄

水马蹄是广州地区主要用于加工淀粉的品种,球茎含淀粉量高,每 100 千克可制成淀粉 16 千克。株高 80～100 厘米,生长期 130～140 天,生长势和抗热性强,耐寒、耐浸,需肥量较少。皮黑色,肉雪白,单个重 15 克左右,不耐贮运。每千平方米产量为 2 200 千克左右。

9. 菲荠

菲荠原产于菲律宾,中晚熟种。株高 110～120 厘米。单个重 25 克,质脆味甜。每千平方米产量为 3 000 千克左右。

10. 界荠

界荠原产于江苏省高邮县界首镇,分布于江苏省宝应、盐城等地。株高 80 厘米以上,皮色红黑,肉色白,有 4 道环节,单个重 20 克左右。抗逆性强,产量与苏荠相近。界荠较粗老,渣多,皮较厚,耐贮运。

(三)栽培技术

荸荠是一种生长在浅水中的水生经济植物,所以其栽培方法不同于一般水生经济植物。

1. 荠田的选择

选择耕作层或潮泥层在 20 厘米左右,底土坚实,脚踩不易下陷的浅水田栽培,要求能控制水位,田埂四周无树荫或其他建筑物。

2. 品种选择

生食鲜销宜选用球茎大、味甜的品种,如苏荠;加工淀粉宜选用含淀粉量高的品种,如界荠。

3. 催　芽

栽培荸荠是以球茎进行无性繁殖的。

(1)催芽　催芽前对留种的种荠要进行选择。选择球茎饱满,表皮光滑,皮色一致(皮色不一致的称为"花荠",往往是带病的球茎,不能用),芽头粗壮的种荠。种荠选好后,要进行催芽。催芽前要将种荠顶芽尖端摘去 0.5 厘米,因贮存时种荠略干缩,有的顶芽已萌发出细弱的叶状芽,摘去后有利于种荠吸水。

浸种。浸种的时间和方法,因季节、地区不同而有差别,一般浸种 1~2 昼夜,顶芽即可萌动;夏季温度高,有的地方用清凉水浸种 7 天。为了防治秆枯病,可用 25% 多菌灵 500 倍溶液浸种 8~12 小时,取出沥干,然后催芽。这一做法对防病效果十分显著。

催芽有冷床催芽和室内催芽两种。冷床催芽多应用于早茬荸荠育苗,将种荠置于塑料薄膜覆盖的冷床中,土壤含水量保持在 85% 左右,经 20 天左右即可萌芽。萌芽后揭去薄膜,浇水保湿，待顶芽长到10厘米时即可育苗。室内催芽是将种荸堆在室内屋角，每堆不超过250千克种荸。种荸堆放成3～4层，让种荸芽头朝上，种荸四周用湿稻草围好，每天浇水以保持潮湿，经15～20天，种荸开始萌生青芽，青芽长到1～2厘米时，揭去稻草，继续浇水，保持湿润，当青芽长成10厘米的叶状茎时，即可进行育苗。

（2）育苗　荸荠育苗有旱育、水育和半旱育三种。育苗要选择排灌方便，土地平整，土层6～7厘米，四周有田埂的田地，使土成泥泞状，然后把已催好芽的种荸排放在育苗田内。每个种荸间距3厘米，排种深度以埋入种荸为标准。排种后要保持湿润。这是旱育的方法。水育，则是在水田中进行，精细整地，施入基肥，耙平耙细，排放种荸，保持浅水层。随着幼苗的生长，适当加深水位，水位一般保持在3～5厘米。半旱育，则介于旱育和水育之间，在水田筑宽1米左右的畦，畦面要平整，畦沟宽30厘米左右，畦面铺一层稻谷灰或浇一层泥浆，然后排放种荸，向沟中灌水，使畦面保持湿润。这种育苗方法较好，秧苗矮壮，茎色浓绿，根系发达，生活力强。

在华南地区的中晚熟种荸育苗期间，由于光照强，温度高，排种后还要搭棚遮阳，以防止晒伤秧苗，并再浇泥浆1～2次。这样经过15天左右，待短缩茎上长出新根后，方可拆棚炼苗。

在育苗中衡量壮苗的标准是：秧苗矮壮，苗高25～40厘米，从短缩茎上长出的叶状茎3～5根，根系粗壮发达。这种苗有利于定植后早发棵，早分蘖，早分株，早封行，早结荸，能高产。为了达到这一要求，不妨采取移苗假植的办法，把3厘米的苗距放宽到12～15厘米，通过移苗放宽苗距，扩大营养面积，有利发根，同时也可除去病苗、弱苗，从中选育出壮苗。

育苗的时间,根据定植的时间而定。早茬荸荠在小满至芒种间育苗,育苗期温度为 15～20℃,苗龄需 30～50 天,则应在 3 月下旬到 5 月中旬之间育苗。中茬荸荠则在夏至到小暑期间育苗,苗龄约 30 天,育苗期应在 5 月下旬至 6 月中旬之间。晚茬荸荠则在大暑到立秋期间育苗,育苗期温度为 20～25℃,苗龄约需 20 天,应在 7 月上中旬育苗。

3. 定　植

(1)荸田准备　定植的荸田宜选择表土松软,底土坚实,耕作层不太深,磷、钾肥较多的土地。前茬收获后要及时整地,两犁两耙后施入基肥(瘦田应多施基肥)。基肥宜用堆肥、绿肥、牛粪等,每千平方米施基肥 3 000～4 000 千克,然后灌水,用脚将绿肥、青草等踩入泥中,再耙平田面,才可定植。

(2)起苗　将荸荠秧田连母球拔起,选择带有母球、叶状茎健壮的秧苗。这种秧苗生活力强,易于成活,生产力高。在定植前。如母株已有较大分蘖,可将分蘖顺势拆开,进行分栽,并要做到当天起苗,当天定植。

(3)定植　定植的时间因各地气候条件与荸田条件不同,从 6 月上旬到 8 月上旬,均可进行定植。华南地区暖冬地区则可延迟至 8 月底。但早定植有利于多分株,多结荸,荸荠大,质量好,产量高。

定植的密度应根据定植的迟早和土壤肥力决定。如地力肥,就可以早定植,应稀植;反之,则应密植。总之,合理密植,是提高产量的关键。一般早茬荸荠行株距为 60 厘米×50 厘米,每穴营养面积为 0.3 平方米左右;中茬荸荠行株距为 60 厘米×40 厘米,每穴营养面积为 0.24 平方米左右;晚茬荸荠行株距为 60 厘米×25 厘米,每穴营养面积约为 0.15 平方米左右。

定植时如发现有病苗、弱苗,应及时除掉,选择健壮、无病害的秧苗进行定植。定植时要剥去侧芽、尽量带土定植。如果秧苗过长,可切去叶状茎的顶梢,保留 25～30 厘米就可以了,以防止水分过多蒸发和风吹摇动,这样有利于提高秧苗的成活率。定植时最好选择在阴天或在晴天的下午进行,以免秧苗枯萎而影响成活。

定植的深度应根据土壤软硬和茬口而定,一般栽到齐叶状茎基部(深约 7 厘米)。如果是软泥的水田,则栽植要深一些;硬泥的水田,则可以浅一些。同时,早茬的应栽植深一些(入土 8～10 厘米)。而晚茬则应当浅一些(入土 5 厘米)。但如果栽植太浅,球茎易浮起,难以成活。而且还会引起过多的无效分蘖,地上部分提前枯萎,地下部分不结球茎;栽植太深,则对分蘖、分株不利而影响产量。栽植时,要顺手将根旁泥土抹平,使球茎或分蘖上的根须与土壤间不留空隙,则对其生长有益。

4. 田间管理

俗语说:"三分种,七分管"。这说明荸田的日常管理工作十分重要。管理上主要解决好以下三个问题。

(1)除草　定植半个月后,约在小暑、大暑之间进行 1 次除草,立秋后进行第二次除草。处暑时植株生长过密。匍匐茎生长多而且快,田中如有杂草,应立即拔除,操作要细心,防止损坏秧苗。立秋、处暑除草时,如田间植株过密,通风透光不好,可适当拔去部分细密的弱苗。

(2)施肥　荸荠在生长过程中,需肥量比较大。根据实践测算,以每千平方米产量 1 100 千克为基数,每增长 750 千克荸荠,需氮 20～22 千克,五氧化二磷 12～15 千克,氯化钾 22～29 千克。施肥以有机肥料为主,前期重施氮肥,后期增施钾肥。追肥一般可分 3 次进行,前 2 次可结合除草进行,要赶在植株分蘖、分株初期施,以促进早发棵,早分蘖,早分枝。早茬荸荠可施有机肥料,因为它的生长期长,有机肥料肥效长;而晚茬荸荠则施化学肥料,每千平方米每次追肥施尿素 15～20 千克。最后一次追肥应在开始结荠时施用,称为"结球肥"。除施用尿素外,还要增施氯化钾或硫酸钾 15 千克,或者对叶面喷施 0.2%磷酸二氢钾。

(3)调节水位 荸荠在生长期间,应掌握浅水勤灌的办法。荸荠生长发育的不同阶段,对水位的要求是:前期浅水,中后期深水。定植后要保持 3 厘米以内的水深。这样有利于生根、分蘖和分枝。如果定植后 20 多天还不分蘖,可进行放水晒田(烤田或搁田)3～5 天,让其土面板结,用手按有印而不沾手,待有细裂缝时应立即灌水,藉以提高地温,促进肥料分解,从而利于发根分蘖。分蘖后逐渐加深水位,保持 5～7 厘米。如果分蘖、分株多而且健壮,在结球期要将水位加深到 15～20厘米,绝不能断水。早茬荸荠植株如发生徒长,应在立秋前后进行放水搁田,促使叶状茎生长健壮,不易倒伏;控制后期分蘖萌生茎蘖,迫使其向土中斜向生长,转入结荠。晚茬荸荠不必搁田。前后二次搁田,方法一样,但目的和效果截然相反,前者促发,后者控长。

在荸荠生长期间,如果遇到暴风雨,为了防止叶状茎不被折断,可把水位加深到 15～20 厘米;暴风雨后,应立即排水,恢复原来的水位。夏季天气闷热,或秋季连续有雾天,则应采取边灌水、边排水方式来换水,以降低田间温度。如果荸荠要在田中过冬,要保持田间湿润,不使土面干裂,以免造成地下茎受冻。

（四）采　收

荸荠成熟后,地上部分枯死,即可采收。采收期一般从11月份开始至翌年3月。过早采收,荸荠尚未充分成熟,产量低,含糖量只有7%左右,而且不耐贮存。田间贮存越冬的荸荠,维管束发达,肉质粗老;立春后地温升高,球茎开始萌芽,逐渐消耗养分,糖分降低。因此,应及时采收,一般应从12月中下旬到翌年2月上旬立春前采收完毕为好。这时球茎内淀粉转化,糖分增多,含糖量最高可达12%以上,味甜,色泽鲜艳,出肉率高,品质最佳。此时采收的荸荠适宜于鲜食和加工罐头,也宜于贮存。

采收的方法有干挖和湿摸两种。干挖,必须在采收前5～7天排干田水,以利于挖掘。这种方法机械破损多,产品质量差。有的地方采用两把锄头同时撬起,工作效率高,球茎破损率也少。湿摸的荸荠品质好,但劳动强度大。

（五）留　种

荸荠的选种,一般采用田间片(又称片选)和种荠挑选相结合的方法进行。

片选,将经过严格挑选的种荠种植于留种田内,在生长期间要进行精心管理,使植株生长健壮,无病虫害,不倒伏。在生长过程中,还要经过多次挑选,淘汰病株、弱株、劣株以及不符合品种性状的植株。留种田中采收的荸荠,再经过严格的挑选。

种荠挑选一般可分两次进行,即在种荠采收后、贮存之前和催芽育苗之前挑选。应选择无病虫伤口,不破损,球茎饱满整齐,稍厚,色泽好,皮色深浅一致,符合品种特性,大小一致的荸荠作为种荠。

留种的种荠,当年不能采收,一般等到第二年早春萌芽前(3月份)才挖掘。挖掘时要用手轻轻摸着挖,要避免机械损伤,不要碰伤顶芽和破皮。选好的种荠一般带泥贮存,贮存前应摊晾数日,使种荠带的泥发白,方可贮存。贮存的方法有四种:①窖存。挖长、宽各80厘米的窖,将种荠铺入窖内,铺20厘米厚左右,撒一层干细土,再铺第二层种荠,这样铺到离窖口20厘米时,再铺上干细土封口,到催芽育苗时再开窖取出。②缸存。将种荠放入缸中,上盖细土,并加盖防鼠害,置于阴凉处。此法贮存量少,一般很少采用。③堆存。将种荠平堆放在地面上,也可堆在室内,堆高不要超过0.5米,上面覆土,必要时上面封泥,再覆盖干草,春暖揭去,保持湿润和较低温度而又不受冻。④池存。用砖砌成贮存池,选择无阳光直射的屋角,大小随贮存数量而定。一般长、宽、深各2米,可贮存种荠3 000千克,贮存前先在池底铺上一层沙或湿泥,然后把种荠放到三分之一处,池内安置2～3个通气孔(可用竹子或硬塑料管做成),通气孔应高出池面,再继续放入种荠,到离池口10～15厘米时为止,上面再用湿泥土封顶。

五、芡　实

(一)概　说

芡实,又名"芡",古名"莜"、"鸡雁头"。睡莲科,属多年生草本双子叶植物(图8,图9)。

芡实的用途很大,其种仁称芡米,营养价值高。据分析,每

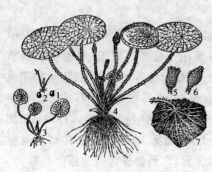

图8 芡实植株全形

1. 种子发芽 2. 形成幼苗 3. 已脱离
种子而独立生活的幼苗 4. 成长植株
5. 花 6. 果 7. 叶的背面

100 克鲜品中含碳水化合物高达 31.1 克,在水生经济植物中位居榜首,热量大,可达 602 千焦。除此之外,还含蛋白质 4.4 克,脂肪 0.2 克,粗纤维 0.4 克,灰分 0.5 克,钙 9 毫克,磷 110 毫克,铁 0.4 毫克,硫胺素 0.4 毫克,核黄素 0.08 毫克,尼克酸 2.5 毫克,抗坏血酸 6 毫克。由于

芡实含碳水化合物丰富,可提供机体活动所需热量;所含的磷和钙,对骨骼、牙齿发育有益。由于胎儿是从母体中吸收钙和磷,故孕妇多食芡实,可预防小儿先天性软骨病和佝偻病。

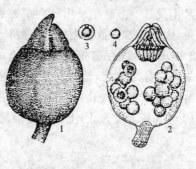

图9 芡实的果实和种子

1. 果实外形 2. 果实纵剖面
3. 种子连同假种皮 4. 种子

此外,芡米可做优等副食品,细腻粘糯,香气浓郁,美味可口;也可加工成淀粉、制饴糖、酿酒。芡米罐头,还远销东南亚各国,颇受欢迎。芡实的根、茎及花梗,可作蔬菜,去皮炒食。亦可腌成咸菜。肥大的根茎煮食,很像芋头,腌后似大头菜,味美可口。

（二）品　种

芡实的分类，一般以产地而言，有南芡、北芡之分。南芡，又称苏芡，主要产于江苏省苏州市郊的荡口、黄埭、渭塘、蠡口一带。芡米圆而整齐，不光滑，玉白色，糯性，品质佳。北芡产于皖北和苏北一带，芡米圆而不整齐，色白，光滑，但糯性、品质较差。此种差别是由于自然环境和栽培方法不同造成的。此外，依果实的有刺或无刺，可分为有刺种和无刺种两类。前者近于野生，一般皮厚，室数少而种子亦少；后者为栽培选育出来的良种，果大型，皮薄，室数多而种子亦多。还有依花的颜色，分为白花种和紫花种两类。白花种的芡米品质最佳，紫花种则稍差。

1. 苏州紫花种

该品种为早熟品种，成熟早，花紫色，故名。长成后大叶直径 1.6～2 米，每株结果 18～20 个。果实圆球形，单个重 500克左右，果内有种子 160 粒左右，多者达 200 粒，其内芡米重约占 20%。每千平方米可产芡米 30 千克左右。

2. 苏州白花种

该品种比紫花种晚 7～10 天，花白色，故名。外形和紫花种差不多，叶面大，直径可达 2～2.6 米，果实较大，长圆形，单个重 0.5～1 千克，产量高，每千平方米可产芡米 40 千克左右，品质最好

3. 北　芡

又称"刺芡"。为野生和半野生状态，到处都有，变异较多。主要分布在宝应湖、洪泽湖、巢湖及沿江水网地区，生长强健。果背、叶柄、果梗、果实上密生尖硬刺，果实细小，花为深紫色，果实内只有 4～8 室，种子数也少，约 5～20 粒。品质差，适应

性较强,生长盛期最大能耐 2～2.5 米的深水。

(三)栽培技术

1. 选择水面

选择水位正常,水流缓慢,风浪较小,水质肥沃的湖荡、河沟、坑塘、沼泽等水面,水深 1 米左右,肥土层 10～15 厘米。水底为沙土和硬板土的,不经施肥改良,不宜种植。

2. 选　种

播种前要进行选种。选用颗粒大而饱满,老熟,未受过干燥闷热影响,无病虫害的种子。

3. 播　种

芡实用种子繁殖,播种方法可分为直播和育苗移栽两种。育苗移栽经过育苗和选苗,栽后单株产量较高,但育苗移栽要有一定的条件,因此,目前大面积湖荡栽培一般多采用直播。

(1)催芽　无论是直播还是育苗移栽,都应经过催芽。早熟种在 4 月初,晚熟种在 4 月中旬进行催芽。催芽的方法,是把上年埋存在土中或贮存在水中的种子取出洗净,用缸或盆加水浸种,水深以浸没种子为度。保持日温 20～25℃,夜温 15℃以上,有条件的,最好采用温室、温床催芽,以便于掌握温度的变化(温差最好不超过 10℃)。浸种期间要经常换水,以保持水质清新。一般经过 8～10 天,有多数种子露白出芽,这时即可播种。

(2)直播　作直播的种子催芽后即可直接播种。一般在清明前后播种。播种的方法可分为穴播、泥团点播和条播 3 种。

①穴播　在水深 30～40 厘米以下的浅水湖荡可进行穴播。穴播的株行距为 2～2.3 米,每穴播种 3～4 粒,用泥土稍作覆盖,这样可以使出苗整齐。

②泥团点播　如水位较深,水中水生动物过多,种子易被食害,宜用泥团点播。其方法是:用湿泥将3～4粒种子包成一团,然后点播,播法同穴播,但不用覆盖泥土。

③条播　一般栽培都用条播,在水面按2.5～3米行距直线撒播,每隔0.7～1米播种1粒。具体播种密度,还须根据"肥荡偏密,瘦荡偏稀"的方式加以调整。

(3)育苗移栽　江苏省太湖地区,多采用育苗移栽。一般在清明后2～3天将种子洗净,放入浅盆中,加水约7厘米,放在暖地或太阳下,日晒夜盖,保持白天温度25℃左右,夜间温度15℃以上,以利催芽。约经7～10天,多数种子微露白芽(半粒米长)即可。将种子播种于苗池。苗池一般宽1.3～1.7米,深20厘米,四周筑埂,池内整平,清除杂草,加水10～13厘米,等水澄清后,就将已发芽的种子于接近水面处轻轻撒下,密度一般为每平方米100粒左右。

播种后约1个月左右,幼苗已有2～3片小叶时,即可移栽。移栽苗池约需200～250平方米秧田,最好是背风向阳,灌溉方便,四周筑高埂,除净杂草,略施人、畜粪肥,精细整平,加水13～15厘米。移栽时要带籽起苗,注意不要将幼苗碰断。起苗后将苗排放于盆中,上加遮盖,防止晒伤(干)。然后按50～60厘米见方苗距逐株栽插于移栽苗池内,要求栽浅栽稳,所带种子和须根要全部栽入泥中,以利于早发。栽植时不要过深,否则容易造成泥埋心叶,不易发苗,甚至死亡。幼苗成活返青后,水位要逐渐加深到10～15厘米,最深可达20厘米,以促使幼苗新叶的叶柄逐渐生长,有利于幼苗定植后适应于深水湖荡。在定植前一星期,要把水位逐渐加深到40～50厘米,促使秧苗叶柄伸长,使其尽快适应定植后的深水环境。

4. 定　植

当秧苗有 4～5 片绿叶,叶面直径在 25 厘米大小时,即可起苗定植。定植的时间约在 6 月下旬至 7 月上旬。

定植前要做好几件事,由于湖荡中一般风浪较大,秧苗定植时还比较嫩弱,不耐风浪袭击,必须注意保护。苏州市郊芡农在湖荡四周栽茭草作为芡实的防风浪墙。

定植前要开好定植穴,施足基肥。开穴的行株距按210～230 厘米,每株营养面积 4.4～5 平方米,早熟品种可密些,晚熟品种要稀些。开穴面积要大,直径约为 130 厘米,深度15～20 厘米,开成锅底形,要清除穴内杂草。穴内要施基肥,一般以河泥或人粪尿作基肥。施肥时,将田排干,只留穴内水,然后将基肥施入穴内。外荡湖泊水深地瘦,又不能排水,基肥难于施入,一般将粪泥混合做成肥土,在定植时粘在根系上,以代替开穴基肥。

开穴施基肥后,约经 2 天时间使水澄清,方可定植。

定植前,在清晨连泥带根起苗,轻轻洗去泥土,逐株顺势盘放在盆内,以防伤根断叶,并用肥土平心叶以下包住大多数苗根使之成团,盆上加以遮盖,以防日晒伤苗。然后将每株带根泥团放入栽植穴内,使其稳定,再用泥覆盖根部。一般当天起苗,当天栽植,以免幼苗干萎。

秧苗定植成活后,结合除草、壅泥平穴。苏州市郊芡农采取"秧苗广穴浅栽,逐步壅泥"的方法,促进秧苗早发,以利于植株健壮生长。由于移栽时,秧苗幼小嫩弱,如果这时覆泥过多,加上湖荡中泥沙自然沉淀,易于壅塞或埋没心叶,从而使植株生长缓慢,甚至闷死。所以必须广穴浅穴,才能促使秧苗早发。以后新叶陆续长出,心叶位置也逐渐升高,那就不易被自然沉淀的泥沙埋没。但随着植株的长大,新根不断往上抬,最后露于泥外,这样就不易吸收泥中养分,这时必须壅泥稳根,才能使植株正常生长。

5. 日常管理

种植芡实的日常管理工作,主要是补苗、除草、追肥、调节水位四件事。

(1)补苗 定植后 7～10 天,一般幼苗即可成活。由于秧苗脆嫩,易被淤泥窝心,影响成活。所以在成活后要进行查苗,发现缺株,要及时补苗。因为芡实栽植密度小,缺株对群体生长发育有很大影响,缺株多,田间密度太疏,就会严重影响产量。特别是湖荡直播,幼苗出土后叶片直径长到 10 厘米时,要检查苗情,及时移密补稀,使每千平方米保持秧苗 130～200 株之间。移育的芡荡,栽后也要及时检查,如有缺株应立即补栽。

(2)除草 俗语说:"前期芡(实)怕草,后期草怕芡;出水前后保好苗,争取丰产是关键"。这说明在秧苗生长前期除草保苗的重要性。直播的秧苗出水前后,移栽的秧苗成活初期,由于植株十分脆嫩弱小,而其周围的水草由于萌芽生长较早,已经比较健壮,出现草欺芡苗的现象。这时,要及时除去杂草,不可延误。

在秧苗定植后 10 天开始到 8 月上中旬,芡叶在水面封行之前,要经常除杂草,一般要除 5 次草,并检查根部的淤泥。塘内淤泥多,除草时动作要轻,防止淤窝心。如发现植株生长不良,要检查根部有否积泥,如有积泥,应把穴内过多的淤泥除去。荡内淤泥少,要防止露根,应把穴边的泥逐步推入壅根,壅根时也要防止淤泥窝心。

(3)施肥 芡实一般不用追肥。如果发现叶片黄薄,生长缓慢,皱纹密,不开展,植株生长不良,即为缺肥症状,可在定植后半个月左右追肥 1 次。追肥一般采用施粪土的方法。粪土的配制是：粪 1 份，土 2 份，拌和后堆放 10 天左右，捏成鹅蛋大小的泥团。施放时不要碰伤植株，放在最小的 2 片小叶垂直线的旁边，每株放泥团 2 个，这样肥料不易流失。如荡田土质贫瘠，可在植株封行前增施 1 次追肥。据试验，芡实不仅需要氮肥，而且还需要合理搭配磷、钾肥。在植株封行前，每千平方米增施过磷酸钙和氯化钾各 7 千克，可增产 7.1％；在 7 月下旬到 8 月上旬分 3 次叶面喷洒 0.2％磷酸二氢钾，可增产 18.15％。

如何判断芡实在生长过程中是否缺肥，芡农的经验是：如芡叶大而肥厚，叶色深绿有光泽，叶面上有瘤状突起，则表示肥料充足。反之，如叶片发黄，新叶与前一片叶子大小相似，叶面皱纹很密，生长细瘦，说明植株缺肥，应立即追加肥料。

（4）调节水位　芡实在生长过程中不能缺水，但也不能过深或太浅。一般塘田栽培、定植后灌浅水，保持 7～10 厘米水位，成活后逐渐加深到 25～30 厘米。荡内水位则要深一些，一般为 60～70 厘米，但不能超过 1 米。

（四）采　收

芡实的采收，可分多次采收法和一次性采收法两种方法。

1. 多次采收法

江苏省太湖地区栽培的"苏芡"，花梗（果梗）、果实和叶柄都无"刚刺"，便于多次采收。一般自白露开始采收，第一、第二次每隔 1 周采收，第三至第五次每隔 4～5 天采收，第六、第七次每隔 3 天采收。成熟的果实果梗发软，果皮发红，收获时用刀从果实基部劈取果实，要注意保留完整的果梗，切勿划破，以防止水从果梗刀口进入植株内引起腐烂。

2. 一次采收法

江苏北部各地栽培的"刺芡",植株遍体"刚刺",以一次采收为好。这种果实成熟的特点是:新生叶片逐渐变小,中心叶片不能充分展开,边缘一圈上卷;外围大叶边缘略有枯焦,红锈色;少数果实已自然散落爆开,籽粒浮起,果皮发红。一般在秋分后采收,此时是果实成熟的盛期,产量也最高,必须抓紧时间采收。用长柄镰刀齐果实基部切下果梗,再用小镰刀除去果梗。

(五)选 种

芡实的选种,可分为株选和粒选两种。

株选,可在第三、第四次采收苏芡时,或一次性全部采收刺芡时进行。株选的要求是:有大叶2～3片,小叶1～2片;大叶直径2米以上(晚熟品种大叶直径2.5米以上),小叶直径1米以上;叶面青绿色,小叶光滑;每株有果实15～20个,早熟种要多些,晚熟种可少些。果实大而饱满;每株选留一个果实,并摘除一小萼片作为标记。

粒选,用第四次采收时摘下的果实,剥出种子,进行粒选。选择充分成熟、饱满、颜色较深的种子,除去假种皮,洗净贮存。

选好的种子贮存于水底,用蒲包包好,每5千克为一包,埋在水田淤泥下20厘米深处,或置于河、池水底。

六、慈　姑

（一）概　说

慈姑，俗称燕尾草、剪刀草、白地栗、乌芋、芽姑等。原产我国东南部，在我国华南地区和长江中下游各省常利

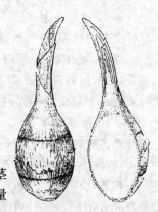

叶片　　花序

地下匍匐枝

球茎

开始结球时　　　　球茎成熟时

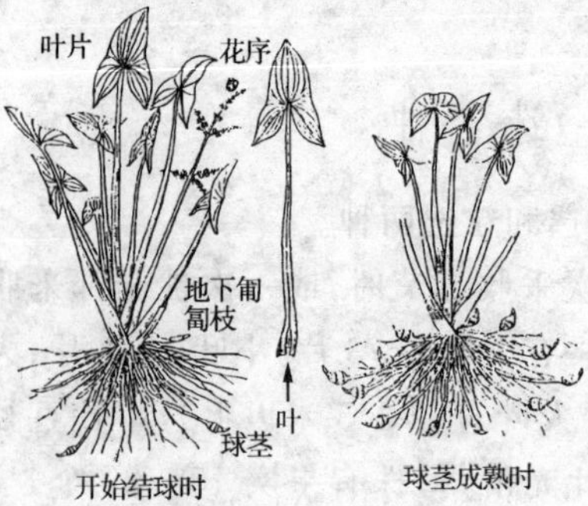

图10　慈姑的植株全形

用终年积水的低洼田栽培。以球茎供食用，产量较高（每千平方米产量为1 500～2 000千克）。耐贮存运输，常在冬春季应市，是一种很好的堵

图11　慈姑的球茎

缺补淡的蔬菜，也可制成淀粉食用（图10，图11）。

（二）品　种

由于慈姑栽培历史悠久（唐代已有之），所以优良品种不少。

1. 苏 州 黄

又名"白衣"，产于江苏省苏州市郊，为晚熟品种，植株高

大，株形较开展。匍匐茎长 50 厘米左右，单株结球 11～15 个。球茎卵圆形，外皮黄色，肉黄白色，高 5～5.6 厘米，横径 3.5～4 厘米，单球平均重 30～32 克，有三道环纹。顶芽长 4～5 厘米，粗 1～1.5 厘米，略扁而弯。生长期为 190～200 天。品质好，肉质细嫩，苦味少，有栗香。每千平方米产量为 1 100～1 500 千克。

2. 宝应紫圆

简称"紫圆"，又叫"哼老乌"。原产于江苏省宝应、高邮一带。由于它的产量较高，成熟较早，江苏各地现已广泛栽植。生长期为 180～190 天，植株较为矮壮，叶柄粗壮，生长较整齐。叶色较深，叶片较宽，匍匐茎粗细比较均匀。球茎圆形，高 4～5 厘米，横径 4～4.5 厘米，单球重 20～30 克。外皮青色带紫，肉白色。顶芽粗壮，多向一边弯曲。品质较粗，为早熟品种，产量高，一般每千平方米可产 1 100～1 500 千克，高产时可达 2 000 千克。

3. 沈荡慈姑

因产于浙江省海盐县沈荡而得名，为中晚熟品种。植株高 70～80 厘米，开展度 50～60 厘米。球茎椭圆形而略扁，高 5.5 厘米，横径 4 厘米。顶芽扁而较长，外皮淡黄色，肉色黄白，单球重 33 克。肉质柔软，含淀粉多，无苦味，品质较好。

4. 白肉慈姑

是广州市郊"泮塘五秀"之一，为早熟品种。抗逆性强，生长期为 110～120 天。植株高 70～74 厘米，开展度 80 厘米。叶片狭长，长度为 35 厘米，宽为 15 厘米，绿色。叶柄粗大，微弯曲，棱沟较深。匍匐茎较粗大，白色。球茎卵圆形，外皮和肉均为白色，故有白肉慈姑之称。单球重 50 克左右。肉质松爽，品质好，产量高，耐贮运，多供出口。

5. 马蹄姑

产于广西壮族自治区梧州市郊,栽培历史悠久,为当地优良的农家品种,在广西南宁、桂林、玉林、苍梧等地广为种植。植株高75厘米,开展度80厘米。叶片细长,长度为25厘米,宽约8厘米,叶色青绿。叶柄粗大,长60厘米,粗3厘米,有纵沟,青色。球茎扁圆形,纵径4厘米,横径5厘米,外皮和肉均为白色。生长期120天左右,抗逆性强,分蘖性亦强,扦插后30天第一次分蘖,秧长大后即可拔出分蔸秧栽种,再过30天又可拔第二次分蘖秧栽种,如此分蘖可达8～9次,可以节省用种量。为晚熟品种,产量高,一般每千平方米可产2 200～3 000千克。淀粉多,风味好,品质优良,耐贮运。

6. 沙　姑

产于广州市郊三滘一带。植株高70～80厘米,开展度60～70厘米。叶片狭长,宽约8厘米,长32厘米,绿色。叶柄直立,棱沟较浅。匍匐茎较幼小,白色。球茎长卵形,高5厘米,横径4.3厘米,外皮黄白色,单球重达50克,含淀粉多。抗逆性强。生长期为110～120天。肉质松爽,无苦味,产量中等,品质优良,不耐贮运。

7. 白慈姑

原产广西壮族自治区桂林,故又称桂林白慈姑。长势强,叶柄绿色。球茎圆形,外皮白色中泛淡蓝色,肉白色。顶芽粗壮。生长期为200～210天。单株球茎10～15个,单个球茎重40克。肉质细,风味浓,品质好,产量高,每千平方米可产2 000～2 200千克。

8. 南昌慈姑

江西省南昌市郊的农家品种。植株特别高大,可高达110厘米。球茎长卵圆形,高5.5厘米,横径5厘米,外皮和肉均为白色。生长期120天左右。抗逆性强。产量高,每千平方米可产2200～3000千克。淀粉多,风味好,品质优良,耐贮运。

(三)栽培技术

慈姑的栽培技术,与其他水生经济植物有相同之处。

1. 育 苗

慈姑可以用有性繁殖(种子繁殖),但有性繁殖当年形成的球茎小,而且大小不一。所以,一般都采用球茎的顶芽进行无性繁殖。有的用整个球茎进行无性繁殖,但用种量大,成本较高。用整个球茎进行无性繁殖,每千平方米需要种球150千克左右,而如果用球茎顶芽繁殖,则只需15千克。作为繁殖用的球茎顶芽,必须选择粗壮、无损伤、无病虫害的,把它从肥大的球茎上切下,切取时要多带一些球茎组织,以利于萌芽发根。

慈姑育苗的时间,根据当地的气候条件、田里栽植的茬口早晚而定。一般早栽的慈姑在3月底到4月底育苗,晚栽的慈姑可延到6月间育苗。

(1)催芽 早育苗的一般要先进行催芽。如果气温超过15℃时,不用催芽,可直接育苗。晚栽的也可以不用催芽、育苗,可直接将其种植在田里。如要催芽,一般在清明前后用草包或蒲包等把顶芽围好,将顶芽堆积好,覆盖湿草,干燥时要洒水。晴天时可在阳光下晒暖,天冷时要注意保温防寒,保持15℃以上温度和适当的湿度。这样,经过10～15天(温度稍低则需15～20天)即可出芽,小满前后可栽到秧田里进行育苗。每千平方米需用顶芽15千克左右。

(2)秧田准备 育苗的秧田要选择避风向阳、土壤肥沃的水田,在清明前施足河泥或厩肥,带水耕耙2～3次,耕后耙平,做成宽 1.3~1.6 米的秧板,秧板之间留 30~35 厘米的操作道,下秧前秧板上再施腐熟的人粪尿做"面肥",约每千平方米施 500 千克,有利于培育壮苗。

(3)下秧 一般在谷雨前后下秧,顶芽栽插的密度以 7~8 厘米见方为宜。秧田和大田栽植的比例约为 1∶15(即 1 千平方米的秧田,可供 1.5 万平方米大田的苗)。栽插深度一般要求顶芽第三节位入土 2 厘米,以利于生根。如果土壤较硬,则顶芽入土为全长的一半;如果土壤疏松,则栽入顶芽全长的 2/3,以防止顶芽浮起。扦插后要保持 3 厘米左右的水位,这样有利于提高土温,促使秧苗健壮生长。如有晚霜,应在当天下午灌深水保苗,到第二天上午再放成浅水。如天气晴暖,一般经过 7 天就开始生根。

早栽的秧苗可以不施追肥,如为秧龄长的苗田,应施少量人粪尿(在抽出 2~3 片叶时施)以防止秧苗缺肥。也可搞两段育秧,避免秧苗徒长细瘦。

晚茬慈姑需在 7 月底至 8 月初才移栽于田中,因此育苗时间可推迟到 6 月下旬。由于这时气温较高,为了延迟顶芽的萌发,可在室内阴凉处采用泥封降氧法贮存种球。到 6 月底带球下种育苗,适当放宽苗距,及早施肥,水位加深 1 倍,即可培育长龄大苗。

2. 整地追肥

栽植秧苗前,必须根据前作的茬口,确定是否施肥。如前作为茭白、席草,土壤又肥沃,再套种慈姑,可以不施追肥,栽植前先清除茭白、席草行间的杂草,然后将慈姑顶芽或慈姑秧苗栽入行间。假如前作为早稻,早稻收割后要及时耕耙,并施入基肥。由于慈姑生长旺盛,需肥量大,基肥对其产量有很大影响,所以一般每千平方米要施猪粪 2 500~3 000 千克,并加施过磷酸钙 15～20 千克。施肥后浇水,并精耕细作。晚茬慈姑前作出茬晚,时间紧,整地、施基肥要及时进行。

3. 定　植

慈姑栽植的时间因茬口不同而不同,如长江中下游的冬闲沤田,早栽慈姑一般在小满前后栽植,晚栽慈姑在立秋期间,待收获茭白、席草或早稻以后耕耙、施基肥后栽植。江苏省苏州地区在席草田套种慈姑,多在清明、立夏期间套种;茭白田套种慈姑,则在小满前后,在早茭白的最后 1～2 次收获后,套栽于行间。

栽植慈姑的株行距,由于早栽慈姑生长期长,发棵大,一般株行距为 36～40 厘米见方,每千平方米可栽 6 000 株。如为晚栽慈姑,由于生长期短,植株发棵小,株行距可以密一些,可缩小到 30 厘米以下见方。每千平方米可栽 9 000 株左右。

栽植时要连根拔起秧苗,摘去外围叶片(保留中心嫩叶),仅留叶柄 16～20 厘米,以免栽后遭遇风浪把秧苗吹起;同时,也可减少秧苗水分的蒸发量,有利于加快成活。栽时将秧苗根插入土中 10 厘米深,随即填平根旁空隙。同时在田边插少量预备苗,作为今后缺棵补苗之用。为了便于栽植,田里的水深保持 2～3 厘米即可。

4. 调节水位

因为慈姑是水生经济植物,不能缺水,更不能断水,但也不能太深,必须根据慈姑的不同生长阶段调节水位。一般栽后保持 3～5 厘米的浅水;约 1 个月后,植株长到 15～18 厘米时,要排水搁田,结合耘田除草,固定植株。以后随着植株的生长,将水位逐渐加深到 10～12 厘米。处暑后再晒田一次,防止徒长,促使匍匐茎的生长和球茎的形成。在球茎形成期间,应保持 3 厘米的浅水,以利于提高土温,促使慈姑结球。根据江苏省农民的经验,在生长前期要保持浅水,以利于提高土温;到了大暑、立秋的高温季节,应适当把水位加深为 12～15 厘米,以降低土温。要注意改善田间的小气候条件,处暑、白露以后,从植株大量抽生匍匐茎到结球阶段,这时气温开始下降,应保持浅水,以防止后期徒长。苏州市郊沤田土壤深厚肥沃,慈姑易于疯长,为了防止疯长,促进匍匐茎及时抽生,常在立秋到白露期间进行几次搁田,保持土壤干干湿湿,直到匍匐茎大量抽生以后,又将水位适当加深到 3 厘米,以满足结球的需要。水位深浅的规律是:浅——→深——→干湿(搁田)——→浅。

5. 施　肥

慈姑施肥应以基肥为主,追肥可根据植株生长情况而定,如植株生长旺盛,叶色浓绿,可不追肥;如苗情黄瘦,就要及时追肥。

慈姑所用的肥料,前期应以氮肥为主,以促进茎叶生长;后期则要补施磷、钾肥,以利于球茎膨大。所以慈姑的追肥一般可进行二次,第一次在生长前期活棵后施,每千平方米追施人粪尿 1 500 千克,或硫酸铵 15 千克;第二次在生长中后期大量抽生匍匐茎时追施磷、钾肥。

套种在席草、茭白行间的慈姑,在间作物收获后,根据慈姑植株的生长情况适量追肥,一般在立秋和处暑间补施人粪尿,每千平方米为 1 500～2 300 千克,或硫酸铵 15 千克左右。化肥宜施于行间,稍离植株低撒,以防化肥沾在慈姑叶上而烧伤叶子。处暑前后,如植株生长不好,还要施 1 次人粪尿。

6. 耘　田

慈姑栽植后 1 个月左右开始耘田,到 8 月下旬,共耘 2～3 次。与茭白、席草套栽的慈姑,待间作物收获后要及时在行间翻土耘耥,清除田间杂草。一般耘田 2～3 次。晚栽慈姑栽植时间较迟,一般只需耘田 1 次。不论何种栽植方式,耘田必须在植株抽生匍匐茎以前结束,以防稍伤匍匐茎。

7. 捺　叶

在耘田时,要结合进行捺叶,将枯黄的脚叶踩入泥中;同时,还要进行剥叶,在球茎膨大期间,每株仅留 7～8 片叶子,将外叶和老叶剥去,改善行间通风透光条件,减少病虫害。待新叶抽出 2～3 片时,还要向根际培土,以利于球茎的生长。

根据江苏省农民的经验,慈姑在生长前期结合耘田除草进行捺叶(即捺除植株外围的黄叶,只留当中绿叶 5～8 片),有利于行间通风透光,改善小气候条件,减少病害的发生。早栽慈姑一般从小暑开始捺叶,每隔 20 天捺叶 1 次,共捺 3～4 次,直到白露为止。白露以后,慈姑大量抽生匍匐茎,并进入结球阶段,这时应保护绿叶面积和地下根系,以加强养分的制造和吸收,这时不能在田中捺叶,以防伤及匍匐茎和植株。

（四）采　收

采收的时间,因地区不同而有迟早。长江中下游地区自秋季初霜后(茎叶枯黄时)到第二年球茎发芽前,即 11 月份到翌年 3 月份,随时都可采收慈姑。一般在霜降到大雪期间采收较多。在地上部分茎叶刚枯黄时采收,则产量比较低,一般延迟到 12 月份至翌年 1 月份采收。这是因为茎叶刚枯黄时,短缩茎中的养分仍可继续向球茎输送,使球茎继续膨大,从而增加产量。所以,上海市郊在慈姑枯叶后,一般在 10 月底到 11 月初排去田水,并割去慈姑叶片,约留茬 15 厘米左右。割叶后每隔 2 米左右开沟,沟深 30 厘米左右,畦面晒干并整细,套种越冬青菜,既可增加慈姑产量,又可在 1～2 月份蔬菜淡季上市供应。

（五）选留良种

选留良种,应专门建立留种田,实行球茎选、株选、片选相结合。

球茎选,要选单个重为 50 克左右的球茎,球茎要端正,顶芽粗壮略弯曲,无病虫害,具有本品种特征。球茎大而重,才具有一定的丰产性,顶芽弯曲才不易疯长,具有一定的早熟性。

株选,种球要单独种植于留种田,选择植株生长健壮,无病虫害,不开花的植株,具有本品种特征的植株作为种株。

片选,慈姑在留种田生长期间,就将劣株淘汰。留种用的留在田间贮存越冬,保持土壤湿润,到翌年 3 月间挖取,再选种球种植于留种田中,其余为生产上用的球茎。

慈姑种贮存分种球和顶芽两种。留种的球茎要摘下顶芽,切取时要带球茎组织,不要光切芽,切后排成薄层在阳光下略晒 1～2 小时,晒干表面水分后贮存。100 千克种球可切取顶芽 12～15 千克。种球贮存要带泥,不用洗净。

七、莼　菜

（一）概　说

莼菜,又名莼头、马蹄草,古代称之为"茆"、"屏风"、"凫葵"、"水葵"等。睡莲科,莼属,为多年生宿根草本水生植物(图12)。

自古以来,我国视莼菜为珍贵佳蔬。其食用部位就是带有透明胶质的初生卷叶和嫩梢。古人曾把美味莼菜和松江四鳃鲈鱼相提并论。清代乾隆皇帝南巡时,每到杭州,必以莼菜调羹进食。现在,外国宾客和归国华侨每到江南,都以品尝莼菜为口福。

莼菜不仅味道鲜美、营养丰富,而且有很高的药用价值。据科学分析,莼菜含有葡萄糖甘露聚糖,对癌症有一定防治作用。

莼菜是一种高档名贵的特殊水生蔬菜,在国际市场上有较高的声誉,需求量与日俱增,成为供不应求的畅销商品。江苏出口的"太湖牌"莼菜,在日本市场上具有良好声誉。

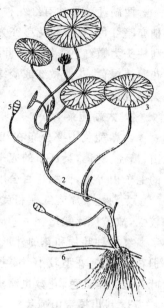

图 12　莼菜植株全形
1. 根　2. 茎　3. 叶　4. 花
5. 果实　6. 地下茎

(二) 品 种

莼菜的品种不多,在长江中下游地区的湖泊、河道、港汊,山间池塘里都有分布,尤其是浙江省杭州的西湖、江苏省的太湖、上海市青浦县淀山湖、浙江省萧山的湘湖以及湖北省利川市福宝山古刹清泉的高山湖泊中,栽培最多,有西湖莼菜、太湖莼菜、淀山湖莼菜、利川福宝山莼菜等有名品种。

1. 西湖莼菜

西湖莼菜至少已有 600 多年的历史,主要产于浙江省杭州市西湖区的周浦、西湖、转塘等乡,栽培面积 20 余公顷,年产量 250 余吨。

西湖莼菜品种有红花种和绿花种。红花种叶背暗红色,嫩梢亦暗红色;花瓣和花萼亦为暗红色,雄蕊深红色,花柄、雌蕊和柱头为微红色。绿花种叶背叶缘暗红色,嫩梢绿色;花瓣和花萼淡绿色,花柄微红或淡绿色,雄蕊鲜红色,雌蕊淡黄色,柱头微红色。

2. 太湖莼菜

太湖莼菜主要分布在江苏东太湖浅水区,如吴县市的东山、横泾、越溪,吴江市的宛平、庙港,昆山市的周庄,苏州市郊的七子山等地,面积达百公顷。

太湖莼菜原有红梗和黄梗两个品种。由于红梗种抗逆性较强,故被广泛栽培。

红梗种叶片和花的外形、色泽与西湖莼菜的红花种相同,但花数较多,花型较小。黄梗种与西湖莼菜的绿花种相似,唯叶背全为暗红色,花数也略多。

3. 利川福宝山莼菜

利川福宝山莼菜主要产于湖北省利川市福宝山海拔1 400米上的古刹清泉的高山湖泊中。

其叶面深绿,叶背鲜红,纵向主脉绿色,并伴有绿晕。叶大,卷叶绿色,花被粉红。

(三)栽培技术

莼菜虽是我国江南名菜,民间多采集野生或半野生的食用或出售,人工栽培的历史不长。

1. 场地选择

莼菜喜生活于水质清洁而浅、土壤肥沃、水温较低的水域中。所以要选择土肥、水位浅、水清凉的场地。要求泥层为20~30厘米,水位为20~60厘米,能自由调节水位的浅水水域。

最好选择风浪小、终年不断水、水位稳定的湖汊、港湾和湖田，或不宜种植其他水生经济植物和水稻之类的冷浸田。

2. 场地整理

莼菜是一次性种植、采收多年的水生经济植物，所以在栽植前要精细整地，耕深 30 厘米，耕耙 2～3 次，填平底土，除去杂草和草食性鱼类，俗称"清塘"。并施足基肥，一般每千平方米要施人粪尿 3 000～4 000 千克，或猪、羊厩肥 4 000～5 000千克，施后耕翻入土，放浅水耥平。

3. 选　种

由于莼菜种子细小，采集较为困难，目前大多采用茎蔓扦插，进行无性繁殖。栽植前，挖取越冬的地下茎在生长期的水中茎进行扦插。要选择粗壮、无病虫害、生长势强的种茎(种茎节数最好要有 5～6 节)作为种苗。种茎的长度一般要求 20 厘米左右。种苗要随挖随选随栽。如当天不能栽完，要适当保湿，防止枯萎。

4. 栽　植

栽种的方法有斜插和平插两种。

斜插，要把种茎后面的几节斜插入泥中，梢头的几节要露出土面。如果种茎只有 2 节，则 1 节入土，1 节露出土面；如若种茎只有 1 节，则有节的插入土中，而把节上的新枝露出土面。

平插，用手拿住种茎之两端，揿入土中，以不漂浮为度。如种苗已开始萌芽生长，则将萌生的新芽露出土面，栽后抹平泥土。

栽植的时间不限，除炎热的夏天和寒冷的冬季外，其余时间都可以栽植，但以 3 月下旬至 4 月上旬栽植最为适宜，可以做到当年栽植，当年采收。栽植的行株距约为 70～100 厘米，每千平方米需种茎 80～150 千克。从栽植到开始采收需 50～70 天。

5. 日常管理

莼菜栽培的日常管理工作,包括除草、消灭青苔、施肥和调节水位等四个环节。

(1)除草　由于水域中野生的水生植物众多,如不及时除去,就会与莼菜争地、争肥、争空间。栽植可用除草醚、杀草丹等消灭野生的水生植物,种苗栽植后,就不能再施用,只能进行人工除草。一般栽植后半个月就进行人工除草,每月人工除草 1 次,直到莼菜长满水面为止。

(2)消灭青苔　由于青苔大多浮于水面,也有扎根泥中的,而且它耗肥量大,又占据水面,对莼菜生长不利,因此要消灭青苔。消灭青苔的方法是,保持水质清洁,使水经常流动,不要注入污水,忌用有机粪肥。青苔发生后,除人工打捞外,也可用硫酸铜 300 克、石灰 300 克、水 12.5 千克配成波尔多液喷洒,效果较好。

(3)施肥　莼菜是一种需肥量较大的水生经济植物,因此要及时施肥。莼菜施肥可分为冬肥、春肥和追肥 3 种。

冬肥,在冬季莼菜叶片枯萎,水中杂草死后施用,以施用菜籽饼为好,每千平方米施用菜籽饼粉 150～200 千克,可干施或加水拌湿洒入水中。

春肥,在春季莼菜发芽前的 2 月份、3 月份各施 1 次,每次每千平方米施人粪尿 1 500 千克。

在莼菜生长期间,如果发现莼菜叶黄、叶小、芽细、胶质少,说明莼菜缺乏养分,则应进行追肥。追肥忌用有机肥,只能施尿素等无机肥。施肥量根据水位深浅确定,一般每千平方米施用尿素 4～8 千克。可以干撒,也可以和泥拌匀搓成团撒施。

追肥的氮肥量不宜过多,否则会导致徒长,影响产量。

(4)调节水位 莼菜虽是水生经济植物,但栽培水位不能太深,以防淹死,又不能太浅,更不能断水,否则会影响其生长。如条件许可,最好用常年不断的缓流水,以保持水质清洁。水位的深浅则根据不同季节和莼菜生长情况确定。立夏前气温、水温较低,可以浅灌,以提高水温和土温,促进莼菜萌发,水位以 30 厘米左右为宜。立夏以后,随着温度的升高和植株的生长,可逐渐加深水位,保持 50～60 厘米的水深。入冬以后,仍要保持 50～60 厘米的水深,以利于防冻。

(四)采 收

莼菜一经栽植,可连续多年生长和采收,直到植株生长衰退为止。栽植当年,一般须在植株生长 50 天后,莼菜基本长满水面时,才可开始采收。以后每年 4～9 月份可以分期采收。一般从春分到清明前后挖取泥中嫩茎,立夏到夏至期间即可采收莼菜的嫩叶和嫩梢,每半个月左右采收 1 次。这两个时期采收的莼菜柔嫩,胶质多,品质较好,每千平方米可收 1 100 千克左右。进入夏季植株开花结果时期,枝叶比较粗硬,胶质少,品质较差,但仍可作蔬菜食用。处暑以后,植株渐老,叶小且带苦味,已不堪食用,只能作为牲畜饲料。

莼菜梢以鲜嫩为好,因此要及时采收,要求最大卷叶长度不得超过 5 厘米,因此在采收盛期不能延误。

莼菜虽可多年采收,但随着时间的推移,产量呈抛物线下降。栽植后可连续采收 2～3 年,第四年后产量开始下降。一般当年栽植的莼菜,当年每千平方米可采收 400～700 千克莼菜,第二、第三年为高峰期,每年每千平方米可采收 800～1 200 千克。

八、水　芋

（一）概　说

　　水芋是多年生草本水生经济植物，原产于东南亚热带地区，引进温带以后，地上部冬季经霜枯死，以球茎留存土中过冬。

　　水芋是芋的一种类型，较旱芋更需要水分，在我国华南地区及长江中下游地区，常利用水田栽培水芋，以球茎供作蔬菜或代替粮食之用(图13)。水芋的球茎营养丰富，含淀粉14%，蛋白质1.9%，脂肪0.1%，以及维生素B、维生素C和无机盐等。生吃时因球茎含有少量草酸钙，有涩味，但经煮熟后即分解，涩味消失。

　　水芋的产量比较高，又耐贮运，可作为调节淡季蔬菜供应的品种。

（二）品　种

　　由于水芋在我国栽培历史悠久，各地区培育出许多优良品种。

1. 龙头芋

　　产于江苏省宜兴、扬中、兴化等地。中熟品种。叶片卵圆或椭圆形、基部凹陷较深，两翼交叉成90°～135°夹角，叶长约30厘米，宽约22厘米，叶片与叶柄连接处一侧呈紫色。母芋圆球形，其纵横径约为10厘米，重250～280克。子芋少，一般4～7个，圆球形到广卵圆形，单重50克左右，顶芽带红色。孙芋也少,一般 4～6 个,单重17～20 克。植株生长势和适应性较强,但极不耐旱,在长江中下游地区一般在清明前后播种,霜降前后收获。一般每千平方米可产 2 000 余千克,最高可达 3 000 千克以上。品质中等,肉质较粘,耐贮存和运输。

2. 浏阳红芋

该品种是湖南省浏阳市的地方品种。晚熟品种,生长期为 180 多天。叶绿色,卵圆形,长 40 厘米,宽 35 厘米,叶柄淡紫色。母芋较小,棕褐色,长圆形,纵径 10 厘米,横径约 6 厘米,重 150～200 克;子芋多,每株 13～25 个,上端红褐色,下端棕褐色,长卵

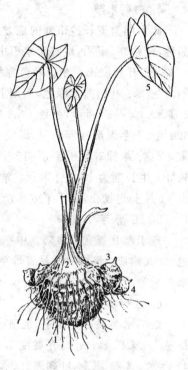

图 13　水芋植株全形
1. 根　2. 母芋　3. 子芋
4. 孙芋　5. 叶

形,部分子芋下端有一弯曲长颈。对土壤适应性强,粉质多,品质好,产量高,一般每千平方米可产 3 500 千克左右。

3. 白荷芋

产于湖北省宜昌市郊,为早熟品种。叶柄和叶脉都是绿色,叶片较少。每株一般有母芋 1 个,子芋 20 个左右。产量较高,每千平方米可产 2 000～3 000 千克。

4. 白荷水芋

此为湖南省长沙市郊的地方品种,与白荷芋不同,为中熟品种,较耐寒、耐阴,适宜于水田中栽培。植株丛生,高大,可达1.37米,开展度1.1米。叶色深绿,卵状盾形,长44厘米,宽34.4厘米。叶柄前期绿色,后期上部绿中带紫,长1.15米,粗2厘米。母芋近圆形,纵径13.2厘米,横径9.6厘米,单个重500克;子芋圆形或卵圆形,纵径5厘米,横径3.9厘米,单个重40克。单株着生子芋8~15个。芋肉白色,肉质多粉、品质较好。生长期为150~180天。清明时育苗,谷雨定植,9月初至11月上旬收获,每千平方米产量1 800~2 500千克。

5. 红 荷 芋

产于湖北省宜昌市郊。中熟品种。叶柄和叶脉都是深紫色,叶大耐肥。每株一般具有母芋1个,子芋10个。每千平方米产量为3 000~3 700千克。

6. 红荷水芋

红荷水芋又称姜荷芋,是湖南省长沙市郊的地方品种。植株丛生,株高1.18米,开展度1.05米,叶绿色,卵状盾形,长42厘米,宽31厘米,叶鞘紫红色,叶柄由下而上由绿变紫。母芋卵圆形,纵径2.2厘米,横径6.5厘米,单个重250克;子芋卵圆或长卵圆形,纵径6.2厘米,横径3.8厘米,单个重30克;单株着生子芋15~30个。芋肉乳白稍带红色。为晚熟品种,较耐寒、耐阴,适宜于水田生长。母芋小,子芋多,富含淀粉,肉质细软,煮食汁浓味香,品质好。生长期170~190天,每千平方米产量为2 300~3 000千克。

7. 乌 荷 芋

产于湖北省宜昌、武汉市郊等地。晚熟品种。叶广椭圆形,叶柄及叶脉为乌红色,故名。根系发达,耐肥,高产,一般每千平方米产量为 3 700～4 500 千克。母芋 1 个,卵圆形;子芋 15 个左右。

8. 乌荷水芋

为湖南省长沙市郊地方品种。植株丛生,株高 1.25 米,开展度 95 厘米。叶深红色,卵状盾形,长 42 厘米,宽 35 厘米。叶柄浅紫色,长 1.04 米,粗 2.1 厘米,叶鞘暗紫色。母芋圆球形,纵径 9.6 厘米,横径 11.5 厘米,单个重 650 克;子芋卵圆形,纵径 6.6 厘米,横径 5.4 厘米,单个重 62 克。单株着生子芋 14～16 个。芋肉白色。为晚熟品种,耐寒,喜肥,较耐阴,适于水田中生长。植株生长势强,母芋较大,肉质较粗糙,但子芋品质好。生长期 170～210 天,每千平方米产量为 3 000～3 800 千克。

9. 金沙芋

产于福建省南平市郊。叶柄绿色,叶鞘红色。株高 150 厘米,开展度 120～140 厘米,分蘖性强。母芋长圆柱形,单个重 600 克;子芋、孙芋 20 个左右,重约 1 900 克,品质好,耐贮存。适于水田生长。

10. 无为水芋

产于安徽省无为县凤凰井、三溪、长坝、神塘、官镇等地。子芋长卵形,皮淡红色,肉白微带红色,质地细腻润滑,品质好。

11. 槟榔芋

槟榔芋又称"四季芋",由于芋节间长如竹根,故又有"竹根槟榔芋"之称。母芋圆柱形,单株重 2～4 千克,皮深褐色,肉中维管束有紫色斑,肉质松,香味浓。球茎含淀粉 10%～20%,蛋白质 1%～1.5%,适宜在水田栽培,是福建省漳州市销往港澳地区的主要土特产之一。

12. 福州花芋

产于福建省福州市郊。植株高大,约 150 厘米,但分蘖力差,叶鞘绿色,叶片中心有紫红色晕。母芋长椭圆形,纵径 22 厘米,横径 10 厘米,单个重 1 千克;子芋长棒状,单株产 10 个左右,重约 0.4 千克。芋肉白色,有紫红色花纹,肉质松,香味浓,品质佳。为中熟品种,生长期为 180~210 天。耐热性中等,球茎耐贮存。

13. 南 京 芋

产于江苏省南京市郊的地方品种。植株矮,仅 80 厘米左右,开展度 70~100 厘米。叶片宽大,分蘖性强。子芋 10 个左右,孙芋 15 个左右,母芋小。单株产量为 1.7~2 千克。品质好、耐贮存。

(三)栽培技术

水芋,一般以其子芋进行无性繁殖。它比旱芋生长期长,需肥量多。在长江中下游地区每年无霜期一般只有 6~7 个月,为了取得高产,栽培上必须促进早发、稳长,及早结球并迅速膨大。

1. 地点的选择

水芋需肥量大,应选择土壤较肥,保水保肥力强的粘壤土或壤土栽培。水芋系水生经济植物,不能缺水,所以应选择低洼的水田栽培。但水芋不能连作,一般采取隔年轮作,常与水稻、慈姑等水生作物轮作。

2. 整地施基肥

对种植水芋的水田,要整地耕耙 2 次。第一次"干耕",耕深 15~20 厘米,耕后施入基肥,然后放入浅水,再行"水耕",将肥土捣和拌匀、耥平。

由于水芋生长期长，一般为 180～200 天；产量高，一般比旱芋增加 20%～30%，因而所需肥料量也大。首先是要施足基肥，一般每千平方米施人粪尿 3 000～4 000 千克，或猪粪 5 000～6 000 千克，河泥 1 万千克。

3. 育 苗

育苗是促进水芋早发的一个环节，一般多选择背风向阳的暖地作为育苗地，经耕耙整地后，施足腐熟肥料，做成宽 1.3～1.5 米，东西向的长条苗床。

育苗前，将贮存的种芋进行选种、晒种，选择大小适中、无病、无伤痕的子芋作种。选好的种芋要晒 1～2 天，可以打破种芋的休眠期，促进发芽，并有杀菌作用。催芽的方法有温室催芽、酿热物催芽、湿沙泥催芽等。催芽时最宜温度为 18～20℃，同时注意保湿，这样经 10～20 天即可出芽。催芽时不要碰伤顶芽，虽然有时顶芽被碰伤后，侧芽也能代替顶芽生长，但侧芽长成的苗分蘖多，母芋、子芋小，产量低。

育苗的时间应掌握在当地终霜期前 15 天左右，以便出苗后可及时移栽到田里，不使芋苗受到霜害。长江中下游地区一般在春分到清明期间开始育苗，而华南地区则提前到惊蛰期间育苗。

在苗床育苗时，可按行距 5～7 厘米，株距 3～5 厘米扦插，扦插时要把种芋的顶芽向上。

种芋插入苗床后随即浇水，使床上保持湿润，以后每隔 2～3 天，选择晴天的中午浇 1 次小水，如遇阴冷天气，可不浇水，防止湿度过大妨碍土温升高，而影响出苗。一般扦插后 15 天即可出苗。出苗后要浇稀粪水 1～2 次，一般每千平方米施 150 千克，以促进苗发苗长。插后 30～40 天，当苗长到 13～15 厘米，有 2～3 片叶时，即可移栽定植。每千平方米约需种芋

100～150 千克,苗床面积为 150 平方米。

4. 定　植

定植的时间各地有迟早,如长江中下游地区多在立夏到小满期间定植,而华南地区则可提前到清明至谷雨期间定植。

定植前要用小锹从苗床起苗,大小苗分开。在定植时,掌握大苗株距稀一点,小苗株距密一些。定植的行株距因品种、土壤、气候条件不同而有所不同,如品种株形高大,土壤肥沃,生长期长,定植的行株距应稀一些;反之,则要密一些。一般行距为 60～80 厘米,株距为 30～40 厘米。定植深度以种芋入土约 3 厘米,使苗稳定为好。定植后抹平泥土,以利成活和发根。

5. 日常管理

水芋的日常管理工作,一般包括灌溉、追肥、中耕壅土三部分。

(1)灌溉　水芋是水生经济植物,不能离开水,但它又是浅水植物,水位不能太深。一般在定植后,灌浅水 2 厘米左右,防止浮苗,利于扎根。经 10 天左右,水芋成活后,有条件最好进行"落水干田",这是水芋与一般水生经济植物不同的地方。搁田 1～2 天,待田土略有麻丝状细裂缝即可,这样可增加土壤透气性,促进根系生长。搁田结束后,随着植株的生长,应逐步加深水位。盛夏时要加深到 10～16 厘米,以利降温;秋凉后再逐渐降低到 2～3 厘米的浅水,以利球茎生长。收获前 5～7 天放干田水,以便于收获。

(2)追肥　水芋在生长过程中需肥量比较大,不仅要施足基肥,而且还要及时追肥,一般需要施 2～3 次追肥。第一次追肥在落水干田时,于早上或傍晚施,肥量为每千平方米用人粪尿 1 500 千克左右,以促进根系深扎。定植后 15～20 天,追施第二次肥料,用量与第一次相等或稍多一点。第三次施肥在大暑前后,此时植株即将封行,生长进入最盛时期,需肥量最大,应重施追肥,一般每千平方米施人粪尿3 000千克以上。如人粪尿不足,可用硫酸铵、尿素等氮肥代替。假如基肥中迟效性肥料多,此时植株生长苗壮,叶色浓绿,没有缺肥现象,则第三次追肥也可少施或不施。追肥必须在大暑前后施完,若追肥过迟,反而会引起疯长,不利于结球。

(3)中耕壅土 定植后,田间杂草必须及时清除,以免其与水芋争肥、争地、争空间,一般每隔15天除草1次,通常经2～3次除草后,杂草基本被除尽。

在小暑、大暑期间,当植株球茎开始形成前,应将行间泥土分次壅向植株根部,壅高9～12厘米,以促进球茎膨大,防止子芋萌芽抽出小叶。

此外,还要早除侧芽,因为侧芽无他用,徒消耗养分,影响子芋生长,而形成过多的小母芋。

(四)收 获

收获的时间因品种和收获的目的、栽培的迟早不同,而有先后之分。一般早期栽培的,华南地区7～8月份即可收获,而长江中下游地区到9月下旬才可收获。但此时采收的水芋往往含水分较多,营养和风味也差。到霜降前后,球茎充分成熟,植株叶片大多发黄萎缩,此时是收获的最佳时节,水芋产量高,质地好,一般每千平方米产量为1 000～1 500千克,最高可达2 500千克以上。收获应选择在晴天进行,除去水芋上的泥土,剔去叶柄、根须,同时将母芋和子芋分开,晒干表皮水分,即可贮存。

（五）选留良种

留种应在霜降前后,在丰产片内选择优良母株。良种的选择标准是:单株产量高,子芋萌蘖少,没有老熟的白头子芋,无病虫害,球茎肥大,具有本品种的特征。

从选好的优良母株的所有大小球茎中,选择充分老熟而又未分蘖的较大子芋作为种芋,并晾晒 1~2 天,进行贮存。

种芋贮存的时间,长江中下游地区一般应在立冬、小雪以前,气温仍在 10℃以上时进行,不能太迟,以免冻害种芋。贮存的方法有以下两种:

1. 室存法

在室内北面用土坯围成长 2.3~2.7 米,高 0.5~0.7 米的围框,底铺干细土 10~17 厘米厚,其上铺种芋 10~17 厘米为一层,上盖细土,层层相间,最上一层覆盖约 17 厘米厚的干细土。如此每框可贮种芋 350~400 千克。当气温降到 5℃时,在框外再覆盖一层草防寒;如气温在 10℃以上时,应将草除去,要保持贮存温度在 8~15℃之间。细土对种芋湿度有调节作用,干时可保湿,湿时可防潮。此法对种芋损伤少,可贮存到翌年谷雨前后。

2. 窖存法

窖存一般选在平坦、高燥,地下水位在地表 1.5 米以下的地方。挖宽 1 米、深 1 米、长 2 米的长方形窖,同时拍实窖底和四壁,并铺上干细土和干麦草各一层,在窖中间竖立一个用芦秆或秸秆围成的出气孔;放入种芋约 0.3 米厚,再盖上一层干细土,其上再放种芋,如此相间,直到窖口。上面铺草、盖土,土层厚 20~30 厘米,拍实,做成屋脊形。天晴时,中午打开出气孔,早晚关闭。大雪、冬至以后,外界气温降到 5℃以下时,必须把覆盖的土层加厚到 40～60 厘米,拍实以防漏水,并密闭出气孔。

九、水 芹

(一)概 说

水芹原产于我国,早在《吕氏春秋》中就有记载:"菜之美者,有云梦之芹。"可见,自古以来,水芹就是餐桌上的佳肴。

水芹的嫩茎及叶柄可作蔬菜食用,可生拌或炒食,清香鲜嫩,常在冬、春蔬菜淡季采收应市,是一种很好的调剂淡季的蔬菜(图 14)。

水芹的嫩茎及叶柄富含多种维生素和无机盐类,其中钙、磷、铁等含量较高。水芹还可作为中草药,有清热解毒,养精益气,止血止痛,宣肺利湿等功效。

(二)品 种

水芹大多栽培于我国长江中下游地区,主要品种有如下 8 种。

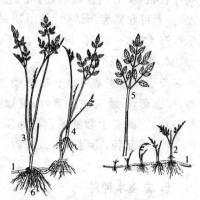

图 14 水芹植株的形态
1. 母茎 2. 幼苗 3. 成长植株
4. 分株 5. 叶 6. 根

1. 扬州长白芹

产于江苏省扬州、宝应、高邮等地,为异叶水芹。植株细长,株高 65～75 厘米,小裂片为棱状卵形,边缘疏钝齿。茎中空,上部白绿色,下部位于深水处呈白色。单株重 25～30 克,产量高,一般每平方米可产 7 500 千克。

2. 玉祁芹菜

玉祁芹菜又称玉祁大黄叶头芹或无锡水芹。原产于江苏省无锡玉祁镇,分布于无锡、常州、宜兴等地。植株较矮,株高 60～65 厘米。叶片细小,淡绿色,小裂片,阔卵形,边缘疏圆齿。叶柄绿色,茎上部青绿,下部白绿色,茎粗壮,中间为薄膜细胞所充实。香味较浓,纤维较少,品质好。产量中等,一般每千平方米产量 5 000 千克,高产时可达 7 500 千克以上。

3. 玉祁实茎芹

产于江苏省无锡玉祁镇,植株较矮,小叶较宽,为阔卵形。茎秆较粗,实心。较耐寒,为晚熟品种,一般在小寒后开始采收,一直可收到翌年清明、谷雨期间,采收期比较长。每千平方米可产 4 500～5 000 千克,最高可达 7 500 千克以上。

4. 常熟白种芹

产于江苏省常熟市。植株矮小,株高仅 20 厘米。叶片较薄,卵圆形,叶缘有疏圆齿,为黄绿色。茎中空,上部白绿色,下部白色,亦间有少数红褐色。品质好。每株抽生匍匐茎 3～4 根。为早熟品种,小雪后可以采收。每千平方米产量为 3 500～4 500 千克。

5. 常熟本种芹

产于江苏省常熟市。株高仅为 20 厘米,小叶,尖卵形,边缘疏圆齿,叶绿色。茎淡绿色,中空。品质中等。每千平方米产量为 3 500～4 500 千克。

6. 圆叶芹

圆叶芹又称"大五台芹",主要产于江苏省南部地区,为早熟品种。植株矮小,株高仅有 30~40 厘米。叶片浅绿色,卵圆形,叶缘有粗钝齿,叶片较薄,叶柄细长。品质较好,但产量低。

7. 桐城水芹

安徽省桐城县的特产蔬菜,已有 300 多年的栽培历史。质地脆嫩,清香宜人,尤其冬季所产的"腊月老",茎白,脆嫩,味美,品质特佳。桐城水芹以城南小河和泗水桥生产的最负盛名。

8. 大叶水芹

湖南省长沙市郊的地方品种。品种有大叶和细叶两种,大叶水芹茎肥质嫩,品质好,产量高,尤为上品。大叶水芹株高57 厘米,开展度 42 厘米。叶片深绿色,小叶卵圆形,叶缘浅锯齿状,叶柄绿色,近圆形,叶鞘浅绿色,茎绿色,有紫色条纹。

(三)栽培方式

水芹栽培,可分为春季栽培、秋季栽培、软化栽培和旱栽四种形式。秋季栽培和软化栽培为常规的栽培方式,而春季栽培是为调节秋季蔬菜淡季供应而安排的。旱栽则是水芹的一种特殊栽培方式。

1. 水芹旱栽

水芹是一种浅水性的水生经济植物,一般都栽培在水田中,但如果经常进行沟灌,土壤保水力强,也可在旱地栽培。水芹旱栽为水芹栽培的新技术,江苏省溧阳、溧水、高淳一带的农民广泛采用。

水芹旱栽在栽种前要整地做畦,畦宽 1.2~1.4 米,沟深50 厘米,畦面上按 20~25 厘米开栽植沟。栽种时将已催芽发根的芹鞭排放在沟内,其上覆盖细碎土。

水芹旱栽的关键是浇水和培土软化。栽种后要浅水勤灌,保持畦面湿润,如见畦面发白,就要灌水。并追肥 3~4 次,在新株形成后,每隔10～15天追肥1次。当植株长到35厘米左右时,施1次重肥后进行培土。培土后不再追肥,期间要中耕除草2～3次。

培土是水芹旱栽保证质量的关键。旱栽水芹没有水层保护,茎叶组织易老化,为了使茎叶保持柔软白嫩,必须进行培土软化;同时还可以防止冻害。培土时间根据采收时间确定,如果是当年采收,可在霜降前后进行培土。若过早培土,由于天气还比较热,容易引起腐烂;但如果培土过迟,则易遭霜害。一般培土后20～30天即可采收。如果安排在翌年上市,可在3月上旬至4月上旬进行培土。培土时,在植株两边的行间各固定2块木板,挖取沟内的土,填于两板之间,使植株外露3～5厘米。培土要匀、平、稳,不要压伤植株。培土时要选择适宜的天气,最好培土后能有连续3～4个晴天。培土后畦沟要灌水,水深比畦面低3厘米左右。

每千平方米旱栽水芹的产量为2 500～3 000千克,如果翌年才上市,则产量可高达5 000～7 000千克,但质量较差。

2. 春季栽培

春季栽培的水芹要经过炎热的夏天,植株容易腐烂,产量低,一般每千平方米产量为3 000～4 000千克。由于生长期间温度较高,软化比较困难,即使经过软化,也没有秋季栽培的品质好。

春季栽培的水芹,一般在9～10月上市,立冬采收结束。由于此期栽培产量低,质量差,农民很少采用。

春季栽培一般在3月上旬催芽,同时做好整地、施基肥的工作,3月下旬播种,将催芽发根的种株撒入田内。播种后要放干田水,只需保持土壤湿润即可。这是因为早春气温低,如果田中有水,不利提高土温,而妨碍发根。等到种苗长到5～8

厘米时,再灌浅水 3 厘米左右。苗长到 8～10 厘米时,要匀苗 1 次,使植株均匀,以利于提高产量。

3. 软化栽培

栽培水芹如不进行软化处理,只能是粗放式的栽培,其品质较差。所以,目前农民栽培水芹大多都进行软化处理。软化处理的方法有两种。

(1)深水软化 根据江苏省扬州地区农民的经验,水芹匀苗后约 1 个月,应加深水位进行软化,只露出植株叶尖,一般水深为 50～70 厘米(植株高度为 55～75 厘米)。这样可使水芹嫩茎、叶柄浸没在水中,变得柔软白嫩;同时,加深水位还可防止霜害。

(2)埋土软化 江苏省南部地区大多采取埋土软化的方法。在立冬前后,当植株长到 35 厘米以上时,把 8～10 株水芹扎成一把,埋入土中,俗称翻芹菜或蒔芹。由于嫩茎、叶柄被埋入土中,不见阳光,可使其变为白色,品质比深水软化还好,操作也比较简单,俗称白头芹菜。但埋入土中不宜过深,以免影响植株生长或引起腐烂;也不能埋得过浅,不然叶色会发红,品质变差。一般以埋入土中 17～20 厘米深为宜,埋时要保持植株直立,如果植株弯曲,也会引起腐烂。

4. 秋季栽培

秋季栽培是一种最普通的形式,综合上述各种方式的做法即可。这里不再赘述。

(四)栽培技术

水芹的栽培技术与一般水生经济植物大致相似。具体做法如下。

1. 催 芽

水芹性喜凉爽,越夏的休眠芽必须在 25℃ 以下才发芽。为了促使萌芽,以延长生长时期,提早收获,提高产量,常在立秋前后选择有树荫处或房屋北面的阴凉通风处进行催芽。

催芽一般在栽种前 7 天左右,先从留种的水芹中收割老熟的母茎,要求茎秆中等粗壮,横径约 1 厘米,如茎秆过粗或过细,对催芽都不利。催芽的具体做法是:母茎收后理齐,除去杂草,剔去无芽或只有瘪芽的顶梢部分,捆成直径为 13~15 厘米的圆捆,交叉堆放在阴凉处,盖一层草,早、晚各浇 1 次凉水,使其经常保持湿润,大约经过 10 天时间,各节开始发芽生根,即可种植。

如果天气炎热,母茎容易发腻,每隔 2~3 天,在早上把一捆捆的母茎放入清洁的河湖水中浸 1~2 小时,进行漂洗后再重新交叉堆积,降低温度,保持湿度,使母茎保持鲜活,则有利于发芽。如果芽发好后遇到天气炎热,又不能及时种植,可把它摊开放在阴凉地方,浇上水,保持湿润,等天气转凉后立即抢种。若天气凉爽,母株一发芽就立即栽种。在温度过高和干燥的情况下,一般母株不易发芽。所以,在催芽期间要及时浇水和漂洗,发现有霉烂时,要及时捡除,以防腐烂蔓延。

无论催芽或不催芽的母茎,一般应在处暑前后(气温不超过 30℃)进行排种。排种时,将母茎基部朝外,梢头向内,沿田的四周一一排放,茎间距离为 0.3~0.6 厘米,整齐地排放一圈。田中间可以撒放,但要求撒匀。每公顷约需母茎 2 250~3 750 千克。杭州市郊农民的做法是:将母茎直插田中进行催芽,待母茎发芽生根后再排种。但这种方法不如在阴处催芽的发芽早。

2. 整地与施基肥

由于水芹根系入土较深,翻地时必须深耕 20～30 厘米。若是深水沤田,土层深且为烂泥,则不必翻耕即可直接种植。

需翻耕的田地,在整地的同时,施好基肥。整地、施基肥后耙糖,要求田土达到平、光、烂、细,并加固土埂,以便于随后逐步加深水位。水芹在生长过程中,需肥量较大,因此基肥必须施足。基肥可以就地取材,如人粪尿、堆肥、厩肥、绿肥、瓜藤、杂草、湖草等有机质肥料均可。据老农的经验,栽种水芹用南瓜藤做基肥最好,其次是青草和厩肥,因为这些有机肥含水量多,容易腐烂。一般每千平方米施用 3 000～4 000 千克。施用时,先将其铺在田间,用脚踩入土中,俗称"排草"。排草完后随即泼上少许人粪尿,以促使其发酵腐烂。田中只需保持潮湿泥泞状态,不必多灌水,因为深水施草肥不易腐烂。

3. 定　植

秋季栽培水芹的时间,一般在立秋到白露之间。由于各地气候条件和栽培方式不同,定植时间也不一致。如催芽发根的可以晚栽,不催芽的应该早栽。气候凉爽的可以早栽,天气炎热的应晚栽。

栽植水芹应选择阴凉的天气,一般在下午或傍晚时进行。栽植时,田间应保持湿润状态,不能无水,也不能积水。不能将催芽的母株直接栽于田内。母株栽植催芽,一种方法是把整条芹鞭一行行整齐地排放在田中,基部一律朝外沿四周,行距约为 6～7 厘米;另一种方法是将芹鞭切成 15～20 厘米长的短段,均匀地撒入田中,使其保持一定的间距,不要堆在一起。短段不宜过长或过短,过长撒入田中不易平贴田面,过短则伤口多,容易腐烂。水芹每一分株所占面积不大,适于密植,适当密植可以提高产量和质量,一般每千平方米约需母株 600～900

千克。

4. 匀苗移植

水芹栽后很快就会生根,叶腋小芽萌发成小水芹,约 1 个月左右,小水芹植株长到 8～10 厘米时,可结合除草进行匀苗(俗称排匀),移密补稀,捺高就低,每株间距保持在 8～10 厘米左右,使其生长整齐一致。根据江苏省无锡、宜兴等地农民的经验,为了使水芹植株基部白嫩,常在立冬前后当株高达 30 厘米左右时,再行拔苗,在原田重栽,将根部插入土中 18 厘米左右,要求不卷根,不歪斜,这样可提高水芹的质量。但留种田不能深栽,防止茎秆柔弱倒伏。

5. 除 草

结合匀苗移植进行中耕除草。将拔起的杂草结成小扎,捺入土中,使腐烂的杂草成为水芹的肥料。

6. 分期追肥

水芹除了需要足够的基肥外,还应适当分期及时追肥。如果水芹缺乏肥料,就会造成"红苗",导致生长不良。

追肥一般分 2～3 次进行,总追肥量为每千平方米施人粪尿 3 000～4 000 千克,或硫酸铵 30～40 千克。第一次施追肥的时间,在定植后 15 天左右;第二次施追肥在匀苗移植后;第三次在"莳芹"以后。施肥量以第二次为最多。为了使水芹茎秆生长粗壮,应增施钾肥,可追施草木灰 1～2 次,总用量为 150～300 千克。

追肥时,田中水位以浅水为好,并应选择晴天,在水芹叶子上的露水干后进行。清晨、黄昏和下雨天都不宜施追肥,以免引起腐烂。施用草木灰可在上风岸撒。

7. 调节水位

水芹对水的要求不高,但不能断水。水芹在不同的生长阶段对水有不同的要求。

定植后要放干田间积水,保持湿润状态,不能积水或干裂。如果田中有积水,会使种子浮于水面或悬于水中。种子若浮于水面,则不易生根;若悬于水中,则容易腐烂。若田中干裂,水分不足,会影响种子出芽,造成苗疏缺株,生长不一致,将会严重影响产量。

定植以后要及时掌握水位的深浅,既不能干到田土发白或出现裂缝,也不能让田中积水,而要经常保持田中湿润。天旱时要在早晚勤浇凉水,雨水多时要及时排水。

定植后约10~15天,母茎各节腋芽开始生根长苗,这时要让田干一下,使田面略有细裂缝,这样可促使水芹苗向下扎根。过1~2天后,灌浅水2~3厘米。

匀苗以后仍应以浅水为好,这样有利于提高土温,促进植株各部位迅速生长。随着植株的长大,逐渐加深水位,一般以10~15厘米为宜(水深为植株的一半高度)。此时,如果遇到闷热天气,应排去部分水,注入适量的新鲜水,以防植株腐烂。冬季封冻前,为避免植株受冻害,应及时加深水位达40~60厘米,使植株露出叶尖即可。

莳水芹时,为便于操作,可把水位放浅为3厘米左右,但莳水芹后要恢复适宜水位。如果不进行莳水芹软化,就更应加深水位,即灌水软化。水位的深浅要根据植株的高低决定,一般使植株露出水面8~10厘米即可。由于水芹的生长不一,有植株高大的,俗称抢膘。加深水位应以"抢膘"的植株高度为依据;而植株矮小的,被淹没在水中也无妨碍。所以,在生长后期加深水位,不仅能起软化作用,而且还可防冻害。

(五)采 收

水芹的采收时间,与品种、栽植时间、栽培方法有关,甚至与产量也有关系。

一般早熟品种、早栽的、早软化的可以早收。长江中下游立秋时经催芽后排种的早水芹,到了霜降就可以采收,但产量比较低,每平方米可收 3 500~5 000 千克;而处暑前后排种的水芹,到小雪时可以开始采收,产量比较高,每千平方米可产 5 000~7 000 千克,最高可达 1 万千克;在白露前后排种的晚水芹(晚熟品种),虽可以在小雪时开始采收,但因生长时间短,产量低,每千平方米仅产 3 500 千克左右。在长江中下游地区,水芹在深水保护下,冬季还可陆续采收,一直可采收到翌年清明节前。

水芹采收时植株高度一般都在 50 厘米以上,最高可达 70 厘米以上。采收时应选择晴天,如遇天寒,水面冰冻,必须在解冻后采收,以免损坏植株顶部嫩梢,影响产量和质量。

水芹不耐贮存,应随收随整理成束,随时供应市场。整理时除去下部黄叶和水芹脚子(植株上牵挂的水中杂物),剪去茎上的须根,植株按大小分开,扎成把,即可上市。有的对上市规格要求比较严格,还要摘去过多的叶片;有的加工整理成长 15~20 厘米的白头芹菜(即软化后的纯白头),除去其余青绿部分,俗称光水芹菜;有的整理成带青水芹菜,即青头白头长度约各占一半,除去叶片,扎成把。

(六)选留良种

对水芹种株,要建立种子田进行繁殖。留种田一般在初冬或早春 3 月上中旬栽植种株。每平方米留种田的种株约可供大田 10 平方米栽植之用。

留种田应选择靠近水源、排灌方便、肥力适中的水田。栽植前要耕翻耙平,适施基肥,要注意氮、磷、钾肥的配合,防止氮肥过多。肥田可不施基肥。

留种田的种株要求在上一年冬季进行选择,在水芹生长健壮,无病虫害的田,不必进行软化处理。种株要求具有原品种的特性,生长高度中等,茎秆粗壮,节间较短,分株集中的成片选留,去杂除劣。

留种田栽植前将选好的种株拔起重新栽植。长江中下游地区多在立冬、小雪期间或翌年春分、清明期间,选择晴暖天气,从留种田选拔植株,以 3～4 株为一簇,理齐栽插,冬前栽植株行株距为 10～15 厘米,第二年春季栽植的株行株距为 8～12 厘米。但春栽成活后发棵较小,一般以冬前栽植为好。如冬前栽植,栽后应保持 3～6 厘米水位,封冻前还要加深水位,使叶尖露出水面,这样可以保温防冻。如果是翌年春栽,由于天气转暖,水位可以浅些。夏季水位一般保持在 3～6 厘米,应常换水,以防腐烂。

留种田一般不施追肥,如果植株生长细瘦,发棵不旺,叶片直立,心叶和全株发红,则为缺肥现象,应及时追肥,但追肥量也应适当控制。如果只是部分植株生长不良,则可对部分植株进行重点追肥。一般种株在清明、小满期间应看苗追肥1～2次,每千平方米施腐熟粪肥 7.5～10 千克。在清明、立夏期间,还要除草2～3次。谷雨前后,当植株长到 30 厘米左右时,应结合除草,清除一部分过密分株,疏去部分细弱分株,促进通风透光,生长过密还可割去顶梢,抑制其生长。芒种以后,种株生长已高达 1 米以上,顶端抽薹开花,茎秆老熟,叶片枯黄,节上都生有小芽,此时就不应再下田除草、疏理,只需注意保护种株安全度夏即可。

十、水蕹菜

（一）概　说

蕹菜，又叫翁菜、空心菜、通菜、竹叶菜等。

蕹菜有旱蕹菜和水蕹菜两种。旱蕹菜是旱地栽培的；水蕹菜可在旱地栽培，但更适宜于水田或池沼栽培，故称为"水蕹菜"，又叫"藤蕹菜"。我国福建、广东、广西、江西、四川、湖南、云南、贵州等省、自治区栽培普遍，江浙地区亦有零星栽培(图15)。

花　叶

茎

图15　水蕹菜茎蔓的一部分

在炎夏高温季节，其他叶菜类难以生长时，水蕹菜却能旺盛生长，而且供应期长，产量亦高，每千平方米可产7 500千克。在我国南方，夏菜类供应较少的地区，都可因地制宜地利用水面栽培一些水蕹菜，对夏、秋蔬菜淡季的供应能起重要的调节作用。水蕹菜以嫩叶和嫩茎供食用，嫩叶和嫩茎可熟炒、生拌，清香淡雅，甘味可口，是人们喜食的一种大宗蔬菜，被誉为"南方奇蔬"。

水蕹菜味甘平，无毒，主解野葛毒，可温中通阳，理气宽胸，散瘀止痛，对冠心病、心绞痛、神经官能症、胃肠炎、慢性气管炎等症有疗效。

（二）品　种

水蕹菜的品种不多,常见的主要有以下品种。

1. 博白水蕹

产于广西壮族自治区博白县,故名。蔓性,侧枝多。叶片披针形或广披针形,长 11 厘米,宽 3.6 厘米,叶色深绿。叶柄长 10 厘米,粗 0.3 厘米。宜水栽,无种子。质地脆嫩,风味浓。每千平方米产量 7 500 千克。

2. 粗梗短节蕹

产于湖北省云梦县。蔓性,叶片阔卵形,长 18 厘米,宽 16 厘米,深绿。叶柄长 11.4 厘米,粗 0.4 厘米。宜早栽,结籽。质地脆嫩,品质优良。每千平方米产 6 000 千克。

3. 三江水蕹菜

又叫"藤蕹",是江西省南昌市郊三江镇的优良农家品种。叶细小成短披针形,茎叶浓绿色。脆嫩油滑,质量最佳。较旱蕹菜耐寒,怕干旱,适于水田栽培,亦可旱栽。

4. 广州大蕹菜

该品种大多采用种子繁殖。茎叶粗大,产量高,以水生为主,也可旱栽。品种很多,有大骨青、大鸡青、大鸡白、大鸡黄、白壳、剑叶通菜等。

（1）大骨青　又叫青壳。植株生长旺盛,分枝少。茎稍细,青黄色,光滑,节疏。叶长卵形,深绿色,叶脉明显,青黄色。抗逆性强,稍耐寒,耐风雨,为早熟品种,从播种到初收需 60～70 天。适宜于水田栽培。质软,高产,每千平方米产量为 7 500～10 000 千克。

（2）大鸡青　又叫绿豆青。植株生长旺盛,分枝多,茎粗大,浅绿色,节较密,间长 5 厘米。叶片长卵形,深绿色,叶脉明显,叶柄长。抗逆性强,较耐寒,耐风雨,需肥少。质稍粗,产量高,从播种到初收约 70 天,每千平方米产量为 9 000 千克。

(3)大鸡白　又叫青叶白壳。植株生长旺盛,分枝多,茎粗大,青白色,微现槽纹,节细而密。叶片长卵形,上端尖长,基部盾形,深绿色;叶脉明显,叶柄长,青白色。适应性强,可旱栽或水田栽培。茎白肉薄而且柔软,品质好,产量高。每千平方米产量为 10 000 千克。

(4)大鸡黄　又叫黄叶白壳。植株生长旺盛,分枝多,茎粗大,黄白色,节细而较密。叶片长卵形,先端较尖,基部心脏形,黄绿色;叶脉明显,白色。茎白肉薄而且柔软,叶色带黄,品质好,产量高。生长期约 150 天,每千平方米产量 9 000 千克。

(5)剑叶通菜　又叫广州细通菜。在广州地区不结籽。茎叶细小,较耐寒,在早春分株繁殖,产量低,但品质优良。有细通菜和丝蕹两个品种,丝蕹可在水田栽培。

丝蕹植株矮小,茎细小,厚而硬,紫红色,节密。叶片较细,短披针形,深绿色;叶柄长,紫红色。抗逆性强,耐寒耐热,耐风雨,不开花结实。质脆味浓,品质优良。生长期长,每千平方米产量 7 500 千克。

(三)栽培技术

水蕹菜的栽培方法可分为水田栽培和浮水栽培两种。

水田栽培就是栽植在水田中,保持 10 厘米以下的浅水,分次采收。

浮水栽培则是育苗在旱地,栽种时拔起秧苗,用塑料绳捆紧或用竹子夹紧,浮于水面栽培,四周圈起,分次采收。

1. 育　苗

对结籽的水蕹菜品种,可用种子繁殖;对不结籽的品种则采用种藤、种蔸进行分株或扦插繁殖。一般都于早春在旱地进行育苗。

育苗播种宜早，一般在2月份播种，4月份即可栽植。华南地区在雨水到惊蛰期间，长江中下游地区在春分到清明期间准备好苗床。一般选择在背风向阳的地方挖东西长方形的床孔，宽1.3～1.7米，深0.5米，长7～10米。将挖起的大部分土堆在床的北面，小部分土堆在其余三面，拍平打紧，做成土框，床孔用新鲜牛马粪及褥草或乱稻草填入，约40厘米厚，泼浇适量稀人粪尿，理平踏实后，盖细土10～17厘米厚。由于早春育苗气温还较低，需要采用塑料薄膜小棚覆盖。

床孔准备好后，从贮存窖中取出越冬的水蕹菜母茎（老藤），选择尚未发生黄白色根须的，于晴天中午一根根往苗床密排一层，间距为1.5～3厘米，排好后上盖薄土，并于中午泼浇20％～30％的人粪尿。床孔白天晒太阳，夜间覆盖薄膜保温。如温度为35～40℃时，只需3～5天即可出芽；如温度为20～30℃，则需要15～20天才能出芽。出芽后经20天左右，苗长到17～20厘米，长出很多须根，分节成苗。这时可剪取约17厘米长的段做种苗。如种苗不够，可视当时天气冷暖情况，再进行第二次育苗，但间距要稀一些，按15～20厘米栽植母株，15天后再行剪苗。

水蕹菜育苗虽然在旱地进行，但水蕹菜性喜湿润，而春季气温较低，土壤不宜过湿，以免影响地温升高，造成烂种、烂藤，所以宜小水勤浇。

2. 整地、施基肥

凡是用来栽培水蕹菜的田都要进行整地和施基肥的工作。

栽培水蕹菜的田，要选择富含腐殖质的潮湿土壤，要求向阳、肥沃和靠近水源。

立春前后耕翻 2 次,耕深 25～30 厘米,并施足基肥,基肥可用堆厩肥等有机肥料,每千平方米施放 4 000～5 000 千克。然后肥、水、土拌匀耥平。

3. 定 植

(1)水田栽培 华南地区水田栽培的时间多在清明前后,长江中下游地区则在谷雨至立夏期间。当气温上升到 15℃以上时,即可进行定植。

水蕹菜生长量大,枝叶柔嫩,不耐浓肥,以有机肥为好。早栽的可进行密植,株距 10 厘米,收获早,能提高产量;晚栽的株距为 15 厘米。

(2)浮水栽培 选苗高 30 厘米左右,经过采收的老株为宜,实行一穴多头,也可一穴栽植多株,以提高产量。定植前将苗连根拔起,用竹竿将苗的根茎部夹紧,凭借竹竿的浮力,使水蕹菜浮在水面,再用塑料绳加以固定,避免东飘西浮。穴距以 30～50 厘米为好。

4. 日常管理

水田栽培的水蕹菜,定植后应及时除草、施肥、调节水位。前期田间植株未封行,要勤除杂草。由于水蕹菜需肥量大,除施放基肥外,还需施追肥。追肥以氮肥为主,薄肥勤施,并适当施些磷、钾肥,定植活棵后每 7 天施 1 次追肥;同时,每次采收后也要施追肥 1～2 次。追肥浓度,粪水为 10%～20%,化肥为 0.1%～0.2%。水蕹菜在生长期间不能断水,前期气温低,植株小,一般有 3 厘米深的浅水即可。随着植株的生长,可逐渐加深水位,但以不超过 10 厘米为度。

浮水栽培,如栽于河边可不施追肥。但如果栽于池塘,宜勤换水。如有生活污水,可用以灌溉,或经常施肥。

（四）采　收

水蕹菜在定植后 20～30 天即可开始采收。采收分一次性采收、间拔性采收和分次采收三种方式。

一次性采收，即在苗长到 20～25 厘米时一次全部采收。但一般很少采用这种方式。

水蕹菜高度密植或田间密度过大时，多进行间拔性采收，也等于疏苗，采大留小，疏下来的可随时上市。

一般水蕹菜大多采取分次采收的方式，在苗高 30 厘米时进行采收。第一次采收，基部留 2 个节；第二次留 1～2 个节；第三次以后留一个节，使节部重新长出新枝。这样可保持新枝苗壮，又可避免枝蔓过密。分次采收一般在栽植后 20～30 天开始采收，以后每隔 10～15 天采收 1 次，经采收 3～4 次后生长转慢，需要每隔 20～25 天再采收 1 次。一般在嫩枝长到 20～25 厘米时采收，留基部 2 个节。如基部留得太长，发枝多而密，生长细弱；若留得太短，则分枝少，会影响产量。秋后，水蕹菜茎叶衰老，已不堪食用。

（五）留　种

留种的方式有有性繁殖（种子繁殖）和无性繁殖二种。

有性繁殖，要专门建立留种田繁殖种子。留种田宜选用旱地，在 6 月间扦插留种，南方一般以早稻田为留种田，扦插必须在小暑前结束。扦插用的种蔓要严格选择，选择的标准是生长健壮，无病虫害，节间短，具有品种特性。种蔓田要事先控制肥水，使其老化。种蔓长 30 厘米左右，按行距 25～33 厘米，株距 15～20 厘米来扦插。开花前要做好支架，在开花和灌浆期不可缺水。每千平方米可收种子 120 千克以上。

无性繁殖,留种工作较为复杂。因为它在水中生长,茎蔓柔软,组织疏松,不耐贮存越冬,因此留种困难。一般在立秋后选择部分比较粗壮、无病虫害、符合品种特性的老藤、老苑,剪取约 1 米长左右的分枝,剪去叶片,移栽到预先耕耙好的田中,栽深 7～10 厘米,每隔 1～1.3 米扦插一株,使其匍匐地面,每日中午浇水,保持土壤湿润,促进成活。几天后,在茎上每隔一节培肥细土一节,可用牛粪屑混合肥沃细土,堆成小丘,促使生根,以后在未培肥细土的各节上萌芽。当芽苗高达 15 厘米左右时,开始用 15％的人粪尿追肥,共追 2～3 次。当植株生长繁茂时,也可适当采收几次,起到去劣留优的疏苗作用,使其通风透光,有利于苗壮生长。但采收后必须施追肥。在当地霜降前 15 天,选晴天将植株掘起,剪去侧枝叶片和嫩梢,将主蔓理齐,并用 25％多菌灵 500 倍液或 50％托布津 500 倍液喷洒,晾晒 2～3 天,入窖贮存越冬(窖底铺石子,入窖前用多菌灵或托布津消毒)。种藤、种苑和石子间隔,一层层铺入窖内,上面覆盖塑料薄膜。窖温控制在 10～15℃,湿度控制在 70％～75％。每 10～15 天,在下午 14～15 时揭膜通风 1 小时。贮存期中注意定期检查,防止种株干缩、受冻和腐烂,待春暖后取出育苗。

十一、豆 瓣 菜

(一)概　说

豆瓣菜又名水田芥、西洋菜,属十字花科,是多年生草本水生植物。原产欧洲和南亚。豆瓣菜最早被罗马人和波斯人食用。14 世纪初,英国人和法国人开始栽培食用,以后引种到美国、澳大利亚、新西兰等国,1780 年传入日本。现许多国家都有栽培,我国广东、广西、福建、台湾、四川、上海等省、市、自治区均有栽培,而以广东省栽培历史最久,面积最大。

豆瓣菜的嫩茎叶色泽碧绿青翠,质地柔软,脆嫩多汁,清香爽口,可做羹汤或凉拌生食。豆瓣菜的营养价值较高,每 100 克嫩茎叶约含水分 93 克,蛋白质 2 克,维生素 C 79 毫克,且富含钙、铁等元素,是一种优良的水生蔬菜。

豆瓣菜的植株匍匐向上丛生,株形矮,高约30～40 厘米,茎粗约 0.4 厘米。茎肉质,下部匍匐,茎上多节,茎节接触地面处生有较多须根。节位上生分枝,分枝上又生分枝,繁生蔓延成丛。叶为奇数,羽状复叶,有小叶片 3～9 枚,有时单叶,叶片卵形或近圆形,边缘有波状圆齿;顶端小叶较大,长 2～3 厘米,宽1.5～2.5 厘米。叶面深绿光滑,茎浅绿,全株光滑无毛(图16)。

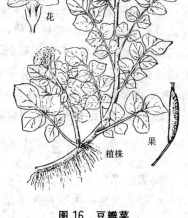

图 16　豆瓣菜

豆瓣菜喜冷凉湿润环境,其最适生长温度为 15～25℃,20℃左右生长迅速,茎叶品质好;10℃以下生长缓慢,且茎叶发红;0℃以下则受冻害;30℃以上生长受抑制,易发生病害;持续高温易枯死,特别是夏季雨后骤晴,温度突然升高,易成片枯死。

豆瓣菜要求浅水,生长盛期需保持 5～7 厘米水深。水过深，易徒长，不定根多，茎叶变黄；水过浅，新茎易老化，影响产量和品质。豆瓣菜生长期要求空气湿润，相对湿度保持在75%～80%。喜欢光照，光照不足或栽植过密，茎叶生长纤弱，产量和品质下降。豆瓣菜在各种土壤中均可栽植，但以粘壤土和壤土为最适宜。要求偏中性土壤，最适 pH 值为 6.5～7.5。豆瓣菜不宜连作。

（二）品　种

生产上应用的豆瓣菜栽培品种有两种：一是有性繁殖品种，属二倍体，具可孕性，较耐低温，绿色，在欧、美地区作为主要栽培品种；二是无性繁殖品种，由二倍体和四倍体杂交而成的三倍体，具不孕性，不耐霜冻，褐色，产量高，但在世界各地栽培较少。我国栽培的豆瓣菜主要有开花和不开花的二种类型，两者在形态上差异不明显，具有性繁殖能力的品种因结籽量少，采种困难，因而大都采用营养繁殖。

（三）栽培技术

1. 育　苗

豆瓣菜在我国多数地区不结种子，因而绝大部分地区采用无性繁殖的方法育苗。在晚秋或初冬选择生长良好的田地作为留种田，留下种株过冬。翌年 4～5 月份，选通风条件好，并能遮阳的旱地作移栽育苗床。苗床经耕耙做畦后，挑选健壮植株按行距 15～20 厘米、株距 13～15 厘米移栽至苗床内。栽后浇水，要经常保持田间湿润，但不留水层。在高温多雨季节和雨后骤晴要及时喷洒凉水降温，并用遮阳网覆盖。遇高温干旱天气,用遮阳网覆盖,每天早晚喷洒凉水以降温保湿。经常清除苗床内杂草,用碎麦秆与细碎塘泥混合撒于田间,护根保苗。每千平方米的种苗可供3 000～4 000平方米大田种植。

在我国个别地区,豆瓣菜能正常开花结实,其花序顶生,花小、白色。长角果长1～2厘米,种子多数分二行排列。花果期为4～7月份。有性繁殖的关键是培育壮苗,目前采用旱地育苗和半水田育苗两种育苗方法。

(1)旱地育苗　选择土壤肥沃的菜地,经精细整地,做成1.2米宽的畦面,先灌透水再播种。因种子细小,种子须与细泥混合撒播,一般每平方米播种2克,约20平方米的苗床秧苗可供1 000平方米的大田栽植。播种期在9月为好,也可采用分期分批播种的办法。播后撒一层薄薄的拌有干牛粪末的细土,并盖遮阳网,每天喷水2次,以保持苗床湿润。旱地育苗因水分不够充足,苗期较长。

(2)半水田育苗　选择地势较低、土壤肥沃、有机质丰富的水田,带水耕耙后,将湿泥堆起耥平,做成1.3米宽的畦面,畦面不留水层,畦沟内留水。将种子与细泥混拌后撒播于畦面,播种后盖一层干牛粪末,并盖遮阳网。待苗长至3～4厘米高时,及时灌水,使畦面有一薄层水(约1厘米深),以后随着幼苗的生长,逐渐加深水层,但不宜超过3厘米。半水田育苗出苗快,幼苗期短。出苗后1个月左右,当苗高13～16厘米时,即可移栽大田。

2. 整地与施基肥

栽培豆瓣菜要选择地势稍低、排灌方便、土质松软肥沃的水田。栽前带水耕耙,每千平方米施腐熟人粪尿或堆厩肥3 500～3 700千克,耙细耥平,保持田土湿润或有一层浅水。土肥水浅,田面整平,有利于植株栽后扎根,促进植株生长一致。

3. 栽　植

豆瓣菜适于秋季栽植,长江流域地区于处暑至白露期间,华南地区于秋分至寒露期间栽植。此时气温为 15～25℃,是豆瓣菜生长最适宜的温度范围,栽后易成活,并有足够生长时间,容易获得较高产量。

栽前应从留种田选择生长健壮、茎部较粗、节间较短并带有绿叶的种苗。豆瓣菜的茎部有阳面(直接受阳光照射的朝上的一面)和阴面(朝下的一面)之分。栽插时将阳面朝上,将茎基部两节斜插于泥中,这样易于生根发芽,成活较快。因豆瓣菜植株小,生长量不大,宜适当密植,以利于提高产量。栽植的株行距一般为 6～10 厘米,每栽 20～30 行空出 30～36 厘米,作为田间操作走道。栽后 1 个月左右,待苗高 15～18 厘米、茎秆粗壮时,如要扩大栽培,可再行拔苗分栽,扩大行株距,一般行距为 12～15 厘米,株距为 9～10 厘米,每栽 10～20 行留出一田间行人小道,以便操作。

采用种子繁殖的秧苗,可采用丛植穴栽的方法,即每穴栽植 2～3 株苗,以利于提高产量。

4. 日常管理

(1)水肥管理　豆瓣菜栽植后,田间应保持潮湿状态,或保持一薄层浅水,以利于其生根发芽。天气晴暖,气温超过25℃以上时,下午应浇灌凉水,早上排除,以免热伤嫩芽。栽插半个月后,植株长大,将水加深到 3 厘米左右。冬春季节,气温下降至 15℃以下时,应保持 3 厘米水层,用以保温防寒,使植株免受或少受寒害。

豆瓣菜栽植后,如不再分苗,20 天后就可采收。每收获一茬都需及时追施 1 次速效肥,一般每千平方米施腐熟粪肥750 千克,对水 3～5 倍稀释后浇施。也可用浓度为 0.3%～

0.5％的尿素溶液喷施,喷施时间在上午8~9时,下午17时左右,切忌在中午喷施,以免烧伤叶片。

(2)除草　栽插成活初期,田里易生杂草,应及时拔除,或喷洒除莠剂。除草时应匀苗补缺,待植株生长繁茂,盖满田面时,即可停止匀苗。

(3)防治虫害　豆瓣菜生长期的主要虫害有蚜虫、小菜蛾和黄条跳甲等。如有蚜虫为害,豆瓣菜卷叶、发黄,影响质量和产量,可用40％乐果乳油1 000倍液喷治。如有小菜蛾幼虫和黄条跳甲发生,可用80％敌敌畏1 000倍液或50％杀虫灵500倍液喷治。

(四)采　收

无性繁殖的豆瓣菜一般在栽植后一个月开始采收,有性繁殖的豆瓣菜在栽植后一个半月开始采收,具体采收时间应根据植株生长情况确定。华南地区冬季气温较高,植株的生长基本上不受影响,霜降至立冬开始采收,以后每隔3周至3周半采收1次,一直可采收至翌年4月份,共可采收5~6次,每千平方米每次可产1 100~1 800千克,总产可达7 500~12 000千克。长江流域地区采收期分成二段,一般霜降至冬至期间可采收2~3次,春分到夏至又可采收2~3次。从冬至到春分,天气寒冷,气温低,植株进入越冬时期,生长缓慢甚至停止,采收中断。每千平方米每次可采收750千克,全年总产3 000~6 000千克。

豆瓣菜的采收方法有两种:一种是逐株采摘嫩梢,然后捆扎成束;另一种是隔畦成片齐泥收割,收一畦,留一畦,收后除去残根、老叶,逐把理齐,再捆扎成束。前一种方法费工费时,但产品质量高,植株损失小,恢复快,进入下一次采收时间短;

后一种方法省力,但采收后费工,还需从留下的一畦中拔起植株,分苗重栽,恢复期长,采收一次,均需施追肥一次。菜的品质稍差。

(五)留　种

豆瓣菜的留种分植株留种和种子留种二种方法。

我国多数地区的豆瓣菜不结种子,一般都采用无性繁殖的植株留种,即老茎留种法。当田间气温超过 25℃ 时,不再采收豆瓣菜,采取就地留种或移植旱地留种。就地留种应选择排水方便、较阴凉的田块,于4月中下旬排去田水,就地留种,越夏后只有基部老茎和根系得以保存作种。旱地留种应及时将植株移栽旱地,栽后每天浇水,直至成活。如出现植株生长拥挤,要及时拔除部分植株,保证通风良好,促进组织老健,如遇闷热天气,每天早、中、晚都需浇一次凉水,并用遮阳网覆盖,以降温保湿,还需及时除草,用细碎塘泥培土,保护种苗越夏。留种田在寒潮来临之前,应施有机粪肥,以保温防冻,必要时也可用地膜覆盖。

我国华南部分地区豆瓣菜能开花结实,可采用种子留种,进行有性繁殖。2月中旬将留种植株移栽到旱地,3月份即可孕蕾开花,4～5月份结荚;6月上旬,当荚果变黄,种子呈黄褐色时即可开始收荚。留种田在孕蕾期和采种期各追肥1次,宜氮、磷、钾肥并施。由于开花有先后,所结的荚果成熟期也有先后,又因荚果成熟后易自然开裂,故应分批采收。一般分3次采收,每次间隔4～5天。应安排在早晨剪收,收后放在弱阳光下晒1～2天,切忌在烈日下暴晒,以防温度过高而影响种子发芽率。种子晒干后放在阴凉干燥处贮藏。一般每千平方米留种田可收种子 6.7～8.2 千克。

金盾版图书，科学实用，
通俗易懂，物美价廉，欢迎选购

猪伪狂犬病及其防制	9.00	治	4.50
图说猪高热病及其防治	10.00	养鸡场鸡病防治技术(第二	
仔猪疾病防治	11.00	次修订版)	15.00
猪病针灸疗法	5.00	养鸡防疫消毒实用技术	8.00
奶牛疾病防治	12.00	鸡病防治(修订版)	12.00
牛病防治手册(修订版)	15.00	鸡病诊治 150 问	13.00
奶牛场兽医师手册	49.00	鸡传染性支气管炎及其防	
奶牛常见病综合防治技术	16.00	治	6.00
牛病鉴别诊断与防治	10.00	鸭病防治(第 4 版)	11.00
牛病中西医结合治疗	16.00	鸭病防治 150 问	13.00
牛群发病防控技术问答	7.00	养殖畜禽动物福利解读	11.00
奶牛胃肠病防治	6.00	反刍家畜营养研究创新思	
奶牛肢蹄病防治	9.00	路与试验	20.00
牛羊猝死症防治	9.00	实用畜禽繁殖技术	17.00
羊病防治手册(第二次修		实用畜禽阉割术(修订版)	13.00
订版)	14.00	畜禽营养与饲料	19.00
羊病诊断与防治原色图谱	24.00	畜牧饲养机械使用与维修	18.00
羊霉形体病及其防治	10.00	家禽孵化与雏禽雌雄鉴别	
兔病鉴别诊断与防治	7.00	(第二次修订版)	30.00
兔病诊断与防治原色图谱	19.50	中小饲料厂生产加工配套	
鸡场兽医师手册	28.00	技术	8.00
鸡鸭鹅病防治(第四次修订		青贮饲料的调制与利用	6.00
版)	18.00	青贮饲料加工与应用技术	7.00
鸡鸭鹅病诊断与防治原色		饲料青贮技术	5.00
图谱	16.00	饲料贮藏技术	15.00
鸡产蛋下降综合征及其防		秸秆饲料加工与应用技术	5.00

以上图书由全国各地新华书店经销。凡向本社邮购图书或音像制品,可通过邮局汇款,在汇单"附言"栏填写所购书目,邮购图书均可享受 9 折优惠。购书 30 元(按打折后实款计算)以上的免收邮挂费,购书不足 30 元的按邮局资费标准收取 3 元挂号费,邮寄费由我社承担。邮购地址:北京市丰台区晚月中路 29 号,邮政编码:100072,联系人:金友,电话:(010)83210681、83210682、83219215、83219217(传真)。